L'AGRICULTURE

ENSEIGNÉE AUX ENFANTS,

OU

LEÇONS D'UN INSTITUTEUR
A SES ÉLÈVES;

Par M. L. FOSSEYEUX,

Chevalier de la Légion-d'Honneur,
Membre correspondant de la Société d'Agriculture
de la Marne.

LIVRE A L'USAGE
DU MAITRE ET DES ÉLÈVES.

Tout ce qu'on dit de trop fatigue, est rebutant ;
L'élève en vain l'apprend, il l'oublie à l'instant.

PARIS,

LIBRAIRIE DEZOBRY, TANDOU & Cie,
Rue des Ecoles, 78;

TROYES,

S.-ANDRÉ, LIBRAIRE-ÉDITEUR,
Place de l'Hôtel-de-Ville, 10.

L'AGRICULTURE

ENSEIGNÉE AUX ENFANTS.

C.

L'AGRICULTURE

ENSEIGNÉE AUX ENFANTS,

OU

LEÇONS D'UN INSTITUTEUR

A SES ÉLÈVES;

Par M. L. FOSSEYEUX,

Chevalier de la Légion-d'Honneur,
Membre correspondant de la Société d'Agriculture
de la Marne.

— o · o · ◈ · o · o —

LIVRE A L'USAGE

DU MAITRE ET DES ÉLÈVES.

— o · o · ⊛ · o · o —

Tout ce qu'on dit de trop fatigue, est rebutant ;
L'élève en vain l'apprend, il l'oublie à l'instant.

PARIS,

LIBRAIRIE DEZOBRY, TANDOU & Cie,
Rue des Ecoles, 78.

TROYES,

ANNER-ANDRÉ, LIBRAIRE-ÉDITEUR,
Place de l'Hôtel-de-Ville, 10.

Cet ouvrage se trouve encore :

A Auxerre, LIBRAIRIE GALLOT ;
A Sens, LIBRAIRIE PÉNARD.

Cet opuscule n'a de nouveau que le titre et la forme ; c'est, quant au fond, un extrait du Catéchisme d'agriculture que nous avons édité il y a quelques années, sous l'approbation des autorités les plus compétentes.

Cet ouvrage demandait à être modifié dans le plan, et simplifié dans les détails. L'auteur a bien voulu nous prêter, dans cette circonstance, le concours de son expérience et de sa bonne volonté.

Il s'est attaché à résumer, sous forme de leçons familières, les premières notions de l'agriculture, de manière à les mettre à la portée des enfants, et à aider, dans la mesure de ses forces, au développement de cette branche d'enseignement.

Il s'est renfermé, dans un cadre restreint et limité, à ce qui concerne la culture proprement dite, et les soins à donner aux animaux domestiques. C'est en effet là l'essentiel pour le plus grand nombre des campagnes.

Pour ceux qui voudront davantage, il ne manque pas de traités plus développés et plus complets. Ce que nous nous sommes proposé, c'est de donner ici une sorte de programme et de résumé des leçons les plus utiles en fait d'enseignement agricole.

ANNER-ANDRÉ.

———

Nous voyons chaque année, mes enfants, la terre se couvrir de moissons, et produire ce qui est nécessaire aux besoins de notre existence. Mais il faut la remuer, il faut la travailler. C'est ce que font vos parents; c'est ce que vous ferez vous-mêmes un jour.

Eh bien, ne seriez-vous pas curieux alors de vous rendre compte de votre travail, de mettre à profit l'expérience des autres, et de pouvoir un peu raisonner l'agriculture, cette science qui nous apprend à cultiver la terre de manière à en augmenter les produits?

Oui, mes enfants, l'agriculture bien entendue permet à l'homme intelligent d'accroître ses revenus, d'arrondir son patrimoine. Vous avez donc tous intérêt à l'étudier, et moi, j'aurai du plaisir à vous l'enseigner.

1

Nous nous bornerons aux notions pratiques les plus simples, les plus utiles; je m'attacherai à les mettre à votre portée. Nous rencontrerons quelques mots nouveaux pour vous, quelques expressions scientifiques que l'usage a consacrées, mais avec lesquelles vous serez bientôt familiarisés.

J'espère que vous prêterez à mes leçons la plus grande attention, et que vous finirez par prendre goût à ce nouveau genre d'enseignement. L'autorité supérieure, n'en doutez pas, saura apprécier vos efforts et encourager vos progrès.

Travaillons donc à nous rendre dignes de sa haute bienveillance, et à mériter les récompenses promises à nos succès.

CHAPITRE PREMIER.

SOL. — DIVISION ET NATURE DES TERRAINS.

Première Leçon.

Composition du sol.

La terre, mes enfants, n'est pas partout également fertile. Cela tient à ce que les substances qui constituent le sol, c'est-à-dire sa couche supérieure, ne sont pas partout les mêmes. Ces substances, mélangées ensemble dans des proportions très-variées, sont assez nombreuses ; mais il vous suffira de connaître les quatre principales, savoir : la *silice*, l'*argile*, le *calcaire* et l'*humus*. Ce sont ces éléments qui déterminent la division et la nature des terrains.

Silice. — La silice est une substance sableuse de la nature du caillou pulvérisé. Si vous la touchez, vous sentez qu'elle résiste sous vos doigts. Si vous la mouillez, vous voyez que l'eau la traverse sans l'amollir, et sans la délayer.

Argile. — L'argile se compose d'une espèce de terre nommée alumine unie à la silice. Elle forme avec l'eau une pâte molle, liante, qui se moule à volonté, et qui se durcit au feu. Si vous en prenez un morceau bien sec et que vous y portiez la langue, vous sentez que cette substance s'y attache et qu'elle la dessèche. L'argile est employée à la fabrication de la poterie.

Calcaire. — Le calcaire est une matière terreuse produite par une espèce de pierre d'où on extrait la chaux, et qu'on nomme *carbonate de chaux.* Vous le reconnaitrez à une sorte de bouillonnement qui se manifeste, si on jette quelques gouttes de vinaigre sur un morceau de terre qui en contient.

Ces trois substances proviennent de la décomposition des roches qui couvraient primitivement la surface du globe, et qui, à la longue, ont été réduites en matières terreuses sous l'influence de l'air, par l'effet des eaux, des pluies, des labours et de plusieurs autres causes. C'est pour ce motif qu'on les appelle substances minérales.

Humus. — L'humus est formé du résidu des matières végétales et animales qu'on enfouit dans la terre où elles se décomposent. C'est un riche élément de fertilité. On le reconnaît à sa couleur un peu foncée. On lui donne quelquefois le nom de *terreau.*

Ne le confondez pas avec un autre humus, terre noirâtre, ou espèce de tourbe, qui résulte de la décomposition incomplète de plantes aquatiques, et qui domine dans les terrains marécageux.

Voilà, mes enfants, les principales substances dont le mélange forme la terre végétale, celle où les plantes se nourrissent et se développent. Les autres n'y entrent que dans de faibles proportions, et pour ce motif je ne crois pas devoir vous en parler.

QUESTIONNAIRE.

Pourquoi la terre n'est-elle pas partout également fertile ?

Qu'est-ce que le sol ?

Quelles sont les substances principales dont il se compose ?

Qu'est-ce que la silice ?

A quoi la reconnaît-on ?

Qu'est-ce que l'argile ?

A quoi la reconnaît-on ?

Qu'est-ce que le calcaire ?

A quoi le reconnaît-on ?

D'où proviennent ces substances ?

Quel est leur nom ?

Qu'est-ce que l'humus ?

Combien y en a-t-il de sortes ?

Qu'est-ce que la terre végétale ?

Deuxième Leçon.

Espèces de terrains.

Je vous ai dit, mes enfants, les principales substances dont le sol se compose. Mais ces substances, prises isolément, ne sauraient former une terre propre à la culture; il faut qu'elles soient mélangées dans certaines proportions. Ce sont les proportions de ce mélange qui constituent l'espèce et la qualité du sol. Le meilleur est celui où elles se trouvent à peu près en parties égales. C'est là ce qu'on appelle une *terre franche.*

En général, selon que la silice, l'argile, le calcaire ou l'humus y domine, le terrain est dit siliceux, argileux, calcaire, humifère, ou plutôt tourbeux. On dit encore qu'il est *argilo-calcaire,* ou *argilo-siliceux,* quand l'argile y est unie à une certaine quantité de calcaire ou de silice.

Chacun de ces terrains, mes enfants, a ses avantages et ses inconvénients qu'il vous importe de connaître.

Terrain siliceux. — Le terrain siliceux,

appelé aussi sableux ou sablonneux, est léger, d'une culture facile, facilement pénétrable à l'eau, à l'air et à la chaleur. Uni dans certaines proportions au calcaire, il est assez fertile ; mais il devient maigre et stérile quand il y a excès de silice. Le soleil le dessèche, et y détruit l'effet des engrais. Mêlé à l'argile en parties à peu près égales, c'est le terrain *argilo-siliceux* qui est ordinairement très-productif.

Terrain argileux. — Le terrain argileux conserve assez long-temps les principes fertilisants qu'il contient ; il ne les cède que lentement aux plantes, et selon leurs besoins ; il a la propriété de retenir l'eau, ce qui le rend frais et humide. Il est ordinairement d'un bon produit, quand il n'y a pas trop d'argile. Mais il se travaille difficilement.

Vous le voyez tantôt se durcir, se crevasser sous l'action de la chaleur ; tantôt se détremper par la surabondance des pluies. Les racines des végétaux, tour à tour noyées ou desséchées, y dépérissent. S'il y a excès d'argile, l'eau y séjourne davantage ; la culture y est encore plus difficile, et la récolte moins abondante. C'est là le caractère des terres fortes, qu'on appelle aussi terres grasses et terres froides.

Terrain calcaire. — Le terrain calcaire est léger, sec et friable. L'humidité le rend gras et boueux. L'eau le traverse sans s'y arrêter. En été, sa couche superficielle est brûlante ; les plantes s'y dessèchent : il est ordinairement stérile, quand le calcaire y est en excès. Vous le reconnaîtrez à sa couleur blanchâtre, due à la présence de la craie ou *carbonate de chaux.* Uni à une certaine quantité d'argile, il forme un sol *argilo-calcaire* susceptible d'une grande fertilité.

Terrain tourbeux. — Le terrain tourbeux ou humifère est noir, humide, spongieux : il doit sa couleur à une sorte d'humus produit par la tourbe qui en forme la plus grande partie. Les eaux qui y séjournent le rendent peu propre à la culture. Mais s'il peut être assaini et bien égoutté, il devient très-productif.

Tels sont, mes enfants, avec leurs avantages et leurs inconvénients, les principaux terrains dont nous avons à nous occuper.

QUESTIONNAIRE.

L'argile, la silice, le calcaire, etc., peuvent-ils former seuls une bonne terre ?

Qu'est-ce qui constitue l'espèce et la qualité d'un terrain ?

Qu'est-ce que le terrain siliceux ?

Quels en sont les avantages et les inconvénients ?

Qu'est-ce que le terrain argileux ?

Quels en sont les avantages et les inconvénients ?	Quels en sont les inconvénients ?
Qu'est-ce que le terrain calcaire ?	Qu'est-ce que le terrain argilo-siliceux ?
Quels en sont les avantages et les inconvénients ?	Dites-en les avantages.
Qu'est-ce que le terrain tourbeux ?	Qu'est-ce que le terrain argilo-calcaire ?
	Dites-en les avantages.

CHAPITRE DEUXIÈME.

SOUS-SOL. — VÉGÉTATION.

Troisième Leçon.

Sous-sol.

Vous savez, mes enfants, que le sol est la couche supérieure du terrain, la partie que nous cultivons. Immédiatement au-dessous vient une seconde couche qui s'appelle *sous-sol*, et qui, selon sa nature, peut modifier essentiellement le sol.

Ainsi, supposons un sol siliceux ou calcaire, avec un sous-sol argileux. Celui-ci retient l'eau qui a pénétré le sol, et lui conserve une certaine fraîcheur qui l'empêche de se dessécher. Cependant, s'il y a excès d'argile, l'eau ne pouvant traverser le sous-sol, sé-

1*

journe entre deux terres, et rend le sol froid et humide.

Si, au contraire, le sous-sol est siliceux ou calcaire, il laisse passer l'eau, le sol devient sec, et les plantes finissent par y souffrir.

Supposons maintenant un sol argileux, reposant sur un lit également argileux ; l'eau, retenue par cette double couche d'argile, n'a pas d'issue pour s'écouler, elle séjourne dans le sol qui se trouve ainsi noyé et refroidi.

Si dans ce même cas le sous-sol devient siliceux ou calcaire, il facilite l'écoulement de l'eau. Cet écoulement s'opère lentement et de manière à entretenir dans le sol l'humidité nécessaire à la végétation.

Vous voyez donc, mes enfants, que la qualité d'un terrain ne tient pas moins au sous-sol qu'au sol lui-même. Mais, pour vous faire mieux comprendre les principes d'une bonne culture, j'ai besoin de vous parler un peu de la végétation.

QUESTIONNAIRE.

Qu'est-ce que le sous-sol ? Peut-il modifier le sol ? Qu'arrive-t-il quand le sol est siliceux ou calcaire et le sous-sol argileux ? Qu'arrive-t-il si le sol et le sous-sol sont tous les deux siliceux ou calcaires ? Qu'arrive-t-il si le sol et le sous-sol sont tous les deux argileux ? Qu'arrive-t-il si le sol est argileux, et le sous-sol siliceux ou calcaire ?

Quatrième Leçon.

—

Végétation.

Il se passe tous les jours sous vos yeux, mes enfants, un fait des plus intéressants auquel vous n'avez sans doute jamais réfléchi, c'est la *végétation,* c'est-à-dire ce travail de la nature qui fait qu'un grain de blé, par exemple, une fois enterré, prend vie, croît et se reproduit. C'est là quelque chose de bien digne de notre attention.

La végétation s'accomplit sous l'influence de la chaleur par la combinaison d'éléments empruntés à la terre, à l'eau et à l'air, et en vertu de la germination, de la nutrition et de la reproduction.

Germination. — La germination est ce phénomène par lequel une graine, inerte et comme morte, dès qu'elle est semée, prend dans le sol un mouvement vital et devient une jeune plante. Voici comment il se produit :

La graine, ramollie par l'humidité et par la chaleur, perd son enveloppe. L'air, ou plutôt l'*oxigène* qui en fait partie, s'unit à une substance qu'elle contient, le *carbone.* Il en sort une petite racine ou radicule qui plonge dans la terre, et une petite tige ou plumule qui tend à s'élever au-dessus du sol.

La graine, convertie en matière blanche et sucrée, alimente d'abord la radicule et la plumule, et produit de petites feuilles blanchâtres dites feuilles séminales. Ces feuilles tombent quand les racines et la tige sont assez développées pour suffire à la nutrition.

Nutrition. — La nutrition est cette opération de la nature par laquelle les plantes puisent dans la terre, par leurs racines, et dans l'atmosphère, par leurs feuilles, les substances qui leur sont propres et qui se transforment en matières végétales.

Ces substances sont tenues en dissolution dans le sol par l'humidité. Cette dissolution, sorte de liquide incolore, est absorbée par les racines, et se communique à la tige, puis aux feuilles. C'est ce qu'on nomme la *sève*.

Là, par l'action de l'air, et sous l'influence de la chaleur, ce liquide se vivifie, acquiert de nouvelles propriétés nutritives, redescend des branches aux racines, pour remonter ensuite; et dans ce mouvement circulatoire, il dépose parmi les tissus du végétal qu'il tra-

verse des sucs qui s'épaississent, se solidi-
fient et contribuent à son accroissement.

Vient ensuite le phénomène de la reproduction.

Reproduction. — Arrivée à un certain degré
de développement, la plante entre en fleur.
La fleur a deux parties bien distinctes, les
étamines et le pistil. Les étamines contiennent
une poussière fécondante nommée pollen qui,
à un moment donné, tombe sur le pistil,
où elle se transforme en petits corps lai-
teux qui croissent et durcissent insensiblement. Ce sont là les graines du végétal qui
grossissent peu à peu, et qu'on récolte à leur
maturité.

Vous voyez par là, mes enfants, si vous
m'avez bien suivi, que, grâce à la sagesse de
la Providence, tout est aussi admirablement
organisé dans la vie des végétaux que dans
celle des animaux.

Vous comprenez maintenant que c'est du
sol et de l'air que les plantes tirent leur nourriture. Quand les tiges sont tendres, et les
feuilles vertes, elles empruntent beaucoup
plus à l'air qu'à la terre. Le contraire a lieu,
quand les tiges sont dures et les feuilles sèches.
Ce qui fait que dans le premier cas elles en-

richissent le terrain, tandis que dans le second elles l'appauvrissent. Vous verrez quelles conséquences nous tirerons de ces principes.

QUESTIONNAIRE.

Qu'est-ce que la végétation ?

Comment s'accomplit-elle ?

Qu'est-ce que la germination ?

Comment s'opère-t-elle ?

Qu'est-ce que la nutrition ?

Comment s'opère-t-elle ?

Qu'est-ce que la sève ?

Qu'appelle-t-on étamines, pistil, pollen ?

Comment s'opère la reproduction ?

D'où les plantes tirent-elles leur nourriture ?

Quand enrichissent-elles ou appauvrissent-elles le sol ?

CHAPITRE TROISIÈME.

AMENDEMENTS.

Cinquième Leçon.

Amendements modifiants.

Vous connaissez, mes enfants, les principales espèces de terrains, et les substances minérales qu'ils contiennent. Vous savez que, selon les proportions de ces substances, ces terrains sont plus ou moins fertiles. Vous comprendrez donc qu'il sera possible de les améliorer dès qu'il y aura moyen de modifier ces proportions.

On nomme amendements les travaux ou les substances qui ont pour but de produire ces améliorations. On en distingue de deux sortes : les uns modifiants, les autres stimulants.

Amendements modifiants. — Les amendements modifiants servent à corriger les défauts d'une terre par le mélange d'une autre terre de nature différente.

Ainsi, vous comprenez que les terres siliceuses ou calcaires, mêlées à une terre argileuse, la divisent, la rendent plus perméable à l'eau et à l'air, et lui permettent d'offrir aux plantes plus d'éléments nutritifs.

De même, des terres argileuses, mêlées à un terrain siliceux ou calcaire, lui donnent plus de consistance, y entretiennent la fraîcheur et l'humidité, et l'empêchent de se dessécher aussi promptement.

Mais ces amendements ne peuvent guère s'opérer en grand, en raison des frais que présenterait le transport des terres; ils coûteraient plus qu'ils ne vaudraient. Ils ne sont guère praticables que d'une seule manière et dans un seul cas, au moyen des labours, quand la terre du sous-sol est de nature à modifier celle du sol. On creuse alors

des sillons de manière à ramener à la surface
ce qu'il faut de terre pour que le mélange ait
lieu dans les proportions voulues. Mais il n'est
complet qu'après plusieurs labours successifs,
et que quand la terre mélangée a subi l'influence de l'air et de la chaleur.

Drainage. — Souvent un sol est humide,
argileux; il gagnerait à être assaini. On se
contente quelquefois d'y creuser des fossés
pour recevoir l'excès des eaux. Il vaut mieux
employer le drainage.

On ouvre à cet effet des tranchées plus ou
moins profondes; on y place des tuyaux de
terre cuite appelés drains, qui communiquent
ensemble, et qu'on recouvre en comblant les
tranchées. Ces tuyaux, plus ou moins espacés, sont disposés de manière à recueillir la
surabondance des eaux du sol, qui s'écoulent
au dehors, pour peu qu'il y ait de pente.

Je ne vous donnerai pas d'autre explication
sur le drainage. Cette opération ne peut être
exécutée que par un homme spécial. Je me
contenterai de vous la signaler comme essentiellement utile. Il est vrai qu'elle nécessite
des frais, mais ils sont largement compensés
par l'augmentation des produits et par la
bonification du terrain.

Irrigation. — La sécheresse, mes enfants, n'est pas moins nuisible que l'excès d'humidité. Certaines terres doubleraient de valeur, s'il y avait moyen de les arroser quelquefois. Mais l'irrigation n'est possible qu'autant que le sol est placé au-dessous d'une source, d'un réservoir, ou qu'on peut y amener par des rigoles l'eau d'une rivière ou d'un ruisseau voisin. Je devais néanmoins vous en dire un mot pour vous la recommander à l'occasion.

QUESTIONNAIRE.

Qu'appelle-t-on amendements ?

Combien y en-a-t-il de sortes ?

A quoi servent les amendements modifiants ?

Citez-en des exemples.

Sont-ils toujours praticables ? et dans quels cas sont-ils possibles ?

Comment amende-t-on une terre humide ?

En quoi consiste le drainage ?

Comment se pratique-t-il ?

Quels sont ses avantages ?

Qu'entend-on par irrigation ?

Quelle en est l'utilité ?

Est-elle toujours possible ?

Sixième Leçon.

Amendements stimulants.

Les amendements stimulants, mes enfants, sont de la plus grande utilité. Nous allons en examiner les propriétés et les effets.

Vous saurez d'abord qu'ils agissent sur les organes des plantes plutôt encore que sur le sol, et qu'ils les excitent à puiser dans la terre ou dans l'air des éléments de nutrition. De ce nombre sont la chaux et la marne; quelques autres, tels que le plâtre et les cendres, paraissent n'avoir d'action que sur leurs organes.

Chaux. — La chaux est tout simplement une pierre calcaire dite carbonate de chaux, qu'on a soumise à une forte chaleur pour la cuire. Répandue sur des terres froides et chargées d'argile, elle les divise, les ameublit, tout en les enrichissant de principes actifs et excitants.

Mêlée à des terres légères et siliceuses, elle leur communique les mêmes principes; et de plus, elle lie, resserre leurs parties, y détruit les mauvaises herbes et les œufs des insectes nuisibles.

Sur un sol tourbeux ou humifère, elle active la décomposition des matières végétales qui y sont enfouies, en fait disparaître les mousses, réchauffe, vivifie la couche d'humus, et prépare aux jeunes plantes des sucs nutritifs; mais il faut auparavant que le sol ait été bien assaini.

En résumé, rappelez-vous que la chaux convient à tous les terrains qui ne sont pas calcaires, mais qu'elle ne dispense pas de les fumer; autrement on finirait par les ruiner. Si, au contraire, vous savez chauler et fumer à propos, vous gagnerez du côté de la récolte, et vous ne perdrez pas sous le rapport du fonds.

Avant de faire usage de la chaux, mes enfants, on doit commencer par déterminer la quantité à employer : il faut avoir égard à sa qualité, à la durée du chaulage, et à la nature du terrain. Une chaux grasse est plus active qu'une chaux maigre : il en faut moins. Il en faut davantage, si au lieu de chauler tous les trois ans on ne chaule que tous les six ans. Enfin, il en faudra plus dans des terrains froids argileux, sur un sol humide et tourbeux, que dans des terrains légers siliceux. On ne donne guère à ceux-ci que la moitié de ce qu'on donne aux autres; c'est, en général, autant de fois trois à quatre hectolitres par hectare, qu'il doit y avoir d'années entre chaque chaulage.

Quant à la manière de l'employer, elle varie un peu. Les uns la répandent après l'avoir pulvérisée; d'autres la mélangent à trois ou quatre fois son volume de terre. Voici, à mon avis, le meilleur procédé :

Après un premier labour, vous disposez sur le sol, en petits tas, de 8 à 10 mètres de distance, la chaux sortant du four, vous la recouvrez de terre. L'humidité la fait gonfler : elle se délite; il se forme dans les tas des crevasses que vous remplissez aussitôt pour l'empêcher de mouiller. Quinze jours après vous remuez le tout, pour opérer le mélange, et dès qu'elle est réduite en poussière, vous la distribuez le plus également possible par un temps sec, et vous l'enterrez par un labour peu profond.

Les chaulages, en général, s'exécutent à la fin de l'hiver ou dans la belle saison, selon qu'on veut semer au printemps ou à l'automne.

Malgré les avantages de cet amendement, il est assez rarement employé. On tient à ne pas faire de frais, et la chaux coûte un peu. On ne réfléchit pas que l'augmentation des produits paierait plus que la dépense; et d'ailleurs, là où la pierre calcaire abonde, pourquoi n'aurait-on pas des fours à chaux? Pourquoi chaque propriétaire ne préparerait-il pas lui-même la quantité de chaux qu'il lui faut? Ce serait là du temps bien employé, et de l'argent bien placé.

Qu'entend-on par amendements stimulants?

Dites les principaux.

Quel est l'effet de la chaux sur les terres argileuses, siliceuses, tourbeuses?

La chaux dispense-t-elle du fumier?

Que faut-il considérer pour déterminer la quantité de chaux à employer?

Combien en faut-il par hectare? et comment s'emploie-t-elle?

Quand s'exécutent les chaulages?

Septième Leçon.

—

Amendements stimulants.

Marne. — La marne, mes enfants, est d'un usage plus fréquent. C'est aussi un carbonate de chaux, mais mélangé d'argile et de silice. La quantité de calcaire qui y entre en constitue l'espèce et la qualité.

Nous en avons trois sortes : la marne calcaire, la marne argileuse, et la marne siliceuse ou sableuse.

La marne calcaire contient plus des trois quarts de carbonate de chaux. C'est la plus riche ; c'est celle que nous préférons. Les autres n'en contiennent qu'environ un tiers ou un quart; l'argile et la silice forment le reste.

La marne, comme stimulant, est moins énergique que la chaux; mais comme amendement modifiant, elle est plus efficace; et, sous ce rapport, l'effet en est d'autant plus sensible qu'elle renferme plus d'argile et de silice. Elle réchauffe et ameublit les terrains froids et compactes, resserre et rafraîchit les plus légers, les plus secs, et transforme un sol ingrat et stérile en un sol de bonne qualité. Aux premiers il faut une marne sableuse, aux derniers une marne argileuse. La marne calcaire doit être réservée à ceux qui manquent de carbonate de chaux. Les terres calcaires n'en veulent d'aucune espèce.

Vous savez que la marne, comme la chaux, active la décomposition des principes de l'humus qui nourrissent les plantes. Mais ils s'épuiseraient bien vite, et la terre se fatiguerait. si on ne les renouvelait par des engrais. N'oubliez donc pas qu'il faut fumer le sol, si on veut le rendre productif. et qu'il faut surtout l'assainir pour que la marne lui profite. Un sol à la fois fumé. marné et bien assaini, devient d'une grande fertilité. Voici comment elle s'emploie :

On la dépose en automme sur le terrain, par petits tas peu épais; elle y reste l'hiver, se ressuie et se réduit en poussière sous l'action de l'air, des gelées et de la pluie. Au printemps, on la répand aussi également que possible; on herse, puis on laboure légèrement. On écrase ensuite avec le rouleau les morceaux qui ne sont pas entièrement pulvérisés. Un marnage fait dans de bonnes conditions dure long-temps : il est des terres où on ne le renouvelle que tous les dix ou douze ans, et à une dose beaucoup moins forte que la première fois.

Je ne vous préciserai pas la quantité de marne qu'exigent ces sortes d'amendements : cela dépend des terrains, de la profondeur des labours, du calcaire qu'elle contient, et aussi des moyens qu'on a de se la procurer. On en met de 25 à 50 mètres cubes par hectare, quelquefois plus, quelquefois moins. C'est l'usage, c'est l'expérience qu'il faut consulter.

Plâtre. — Le plâtre est un stimulant des plus actifs; et, comme nous l'avons dit, il agit moins sur le sol que sur les plantes. Il convient surtout aux prairies artificielles, telles que le sainfoin, le trèfle, la luzerne, etc., etc. ; il s'emploie cuit ou cru, mais toujours pulvérisé, dans la proportion de 2 ou 3 hectolitres par hectare. On le répand à la fin d'avril ou au commencement de mai, quand les feuilles déjà couvrent le sol, et on a soin pour cela de choisir le moment où il y a un peu de rosée. Gardez-vous bien d'abuser du plâtre : il épuiserait le sol, surtout si vous ne fumiez pas. Mais avec des engrais vous pouvez plâtrer plus souvent et en toute sûreté.

Plâtras. — Il y a encore un amendement du même genre, nommé plâtras, qui est formé d'un mélange de terre, de chaux, de plâtre et de sable, provenant de la démolition d'anciennes constructions. Cet amendement est excellent; il agit en même temps comme modifiant et comme stimulant; il convient surtout aux terres froides et argileuses : on s'en sert pour l'amélioration de certaines prairies. Il en est de même des boues recueillies sur les routes entretenues au moyen de pierres calcaires. Mais ces matières, n'étant pas très-communes, s'emploient assez rarement; cependant elles ne sont pas à négliger quand on les a sous la main.

Cendres. — Les cendres sont comme la chaux un stimulant énergique, très-efficace sur un sol argileux préparé pour des céréales, et sur une terre légère un peu fraîche destinée aux plantes légumineuses; elles sont surtout favorables aux prairies naturelles, où elles détruisent les mousses, les joncs, etc., etc. On les répand au moment des semailles, en même temps que le grain, et on les enterre du même coup avec la herse ou avec la charrue. On les sème aussi à la volée au printemps sur des récoltes nouvellement levées, ou sur des prairies artificielles.

Les cendres, comme vous le savez, résultent de la combustion du bois et de la tourbe. Quoique les cendres de tourbe soient assez recherchées, les cendres de bois sont préférables, surtout quand elles ont été lessivées.

Suie. — La suie agit plus activement encore; faites en provision : conservez-la avec soin, pour la répandre au printemps sur les prairies ou sur les céréales; vous vous en trouverez parfaitement bien.

QUESTIONNAIRE.

Qu'est-ce que la marne ?
Combien d'espèces ?
Quelle est la meilleure ?
Comment agit la marne ?
Quelle marne exige chaque terrain ?
Suffit-elle sans fumier ?
Comment l'emploie t on ?
Quelle quantité en faut-il?
Qu'est-ce que le plâtre ?
Comment agit-il?
Comment s'emploie-t-il, et en quelle quantité ?
Qu'entend-on par plâtras ?
Quels en sont les effets?
Quel est l'effet des cendres, et comment les emploie-t-on ?
Quel est l'effet de la suie?

2

CHAPITRE QUATRIÈME.

ENGRAIS.

Huitième Leçon.

Engrais végétaux.

Nous avons vu, mes enfants, que les végétaux empruntent à la terre leurs sucs nutritifs; mais ils ne tarderaient pas à l'épuiser si on la privait d'engrais.

Les engrais sont donc des substances fertilisantes, destinées à rendre à la terre ce que lui enlève la végétation.

Ne confondez pas les engrais avec les amendements : les engrais communiquent au sol des éléments de nutrition ; les amendements le modifient et stimulent l'action absorbante des végétaux.

Les engrais sont de trois espèces : les engrais végétaux, les engrais animaux et les engrais mixtes ou composés.

Les engrais végétaux proviennent des débris des plantes qu'on enfouit dans la terre, et qui lui rendent, en se décomposant, les éléments nutritifs qu'elles ont absorbés. Ainsi des pois, des vesces, de la navette, du sarrasin, etc., etc., enterrés au moment de la floraison, engraissent le sol et préparent une bonne récolte. On choisit pour cela les végétaux dont la tige offre le plus de substances herbacées, et on a soin de les enfouir par une forte rosée.

Ces sortes d'engrais conviennent surtout aux terrains secs et brûlants où ils entretiennent un peu de fraîcheur ; mais ils ne valent jamais le fumier. Vous n'y aurez donc recours que quand vous ne pourrez mieux faire.

Les plantes qui forment les meilleurs engrais végétaux sont celles qui constituent les prairies artificielles, comme la luzerne, le trèfle et le sainfoin. Elles enrichissent le sol en y fixant les principes fertilisants qu'elles tirent de l'atmosphère, et en l'engraissant des débris de leurs racines.

Je vous citerai un autre engrais végétal assez actif, connu sous le nom de *tourteaux*. C'est une espèce de pain formé par le résidu des grains qui ont servi à la fabrication des huiles de colza, de chenevis, de navette, de lin, etc., etc. Ces tourteaux, desséchés et pulvérisés, se sèment à la volée et s'enterrent aussitôt à la herse ; quelquefois on les répand sur de

jeunes céréales pendant une légère pluie. Mais.
en général, ils coûtent cher; c'est pourquoi on
en fait rarement usage.

On emploie aussi comme engrais le *marc de
raisin*, celui de *pommes* ou de *poires*. Ces
substances ne produisent d'effet qu'autant
qu'elles sont mélangées avec un peu de chaux
et arrosées de jus de fumier.

QUESTIONNAIRE.

Qu'entend-on par en-grais ?

Quelle différence entre un engrais et un amende-ment ?

Combien y a-t-il de sortes d'engrais ?

Qu'est-ce que les engrais végétaux ?

Citez quelques plantes employées à cet usage.

A quels terrains con-viennent-ils ?

Quels sont les meilleurs engrais végétaux ?

Qu'entend-on par tour-teaux ?

Comment s'emploient-ils?

Neuvième Leçon.

Engrais animaux.

Les engrais animaux sont des substances
solides ou liquides provenant des matières
animales de quelque nature qu'elles soient,
comme la chair, les os, le sang, les urines, les
matières fécales, etc. Ces substances sont très-
actives : il vous importe, mes enfants, de
savoir les utiliser.

S'il vient à mourir dans une ferme un cheval ou tout autre animal, on le transporte habituellement au milieu des champs, où il se décompose en laissant échapper des exhalaisons infectes. Eh bien, c'est autant de perdu pour le fermier. Ces exhalaisons, ces principes délétères, s'ils étaient fixés, concentrés sur une portion du sol, y deviendraient des éléments de fertilité.

Voici comment on procède en pareil cas :

On dépèce l'animal, on fait les morceaux très-petits ; on dispose ces morceaux par lits successifs de feuilles ou de paille, de chair et de chaux, 3 centimètres environ par couche : on recouvre le tout de terre. Au bout de quelques mois on bouleverse la fosse ; on mélange les matières, qui sont alors décomposées, et on a ainsi pour la semaille un excellent engrais.

Os. — Quant aux os, on les emploie crus ou calcinés, c'est-à-dire brûlés ; mais broyés et réduits en poudre : on jette cette poudre sur les plantes nouvellement levées, dans la proportion de trois à quatre fois la graine. Quelquefois on la fait dissoudre à poids égal dans l'huile de vitriol, *acide sulfurique*, étendue de deux à trois fois la même quantité d'eau ; on délaye cette solution dans 30 ou 40 fois son volume d'eau, et on arrose avec le liquide qui en résulte.

On fabrique encore, avec les os calcinés, ce qu'on appelle le *noir animal,* substance qui sert dans les raffineries pour décolorer les liquides et pour donner au sucre sa blancheur. Là il acquiert de nouvelles propriétés qui ajoutent à sa valeur comme engrais. On en fait un assez grand commerce.

Sang. — On fait usage du sang, soit à l'état liquide, soit à l'état solide. Dans le premier cas, on le mélange avec 5 ou 6 fois son volume de bonne terre qu'on fait dessécher en remuant le tout ensemble sur le feu, dans une chaudière. Dans le deuxième cas, on le pulvérise et on le conserve en lieu sec jusqu'au moment de s'en servir. On le répand à la volée. Mais cet engrais est peu commun ; ce n'est qu'aux portes des grandes villes, auprès des abattoirs, qu'il est possible de se le procurer.

Matières fécales. — Les matières fécales, ou excréments humains, sont encore plus efficaces. Nous ne saurions trop, malgré l'inconvénient de leur mauvaise odeur, vous en recommander l'emploi.

Au sortir des fosses d'aisances on les conduit au lieu qui leur est destiné; on les dépose dans des trous plutôt larges que profonds, à 7 à 8 mètres de distance. On y mêle une certaine quantité d'eau; plusieurs jours après on les distribue sur le sol, puis on sème et on laboure.

On les laisse quelquefois se dessécher, et quand elles sont à l'état solide, on les réduit en poudre; on obtient ainsi la poudrette assez connue pour ses bons effets. Mais la préparation en est un peu difficile. Ces matières d'ailleurs valent mieux à l'état liquide, surtout pour les terrains légers et substantiels; la poudrette est préférable pour les terrains argileux.

Je ne terminerai pas cette leçon sans vous signaler comme engrais très-énergique la *colombine* ou fiente des volailles, qui se sème en poudre, et le *guano*, formé de débris et d'excréments d'oiseaux, accumulés depuis des siècles dans certaines contrées maritimes. Ce dernier se trouve dans le commerce; seulement il n'est pas toujours parfaitement pur.

QUESTIONNAIRE.

Qu'est-ce que les engrais animaux?

Quels sont les principaux engrais animaux?

Comment prépare-t-on, et comment emploie-t-on la chair des animaux comme engrais?

Comment emploie-t-on les os?	Comment s'emploient les matières fécales?
Qu'est-ce que le noir animal?	Qu'est-ce que la poudrette?
Comment s'emploie le sang?	Qu'est-ce que la colombine et le guano?

Dixième Leçon.

Engrais mixtes.

Les engrais mixtes, mes enfants, se composent de matières animales et végétales; ou, si vous le voulez, ce sont les urines ou purin, et les excréments des animaux domestiques mêlés aux pailles qui leur servent de litière, et formant ensemble le fumier.

Le fumier est l'engrais par excellence; c'est l'élément le plus sûr de la fertilité du sol et de la richesse du cultivateur. Il faut donc bien savoir le conserver, et surtout l'employer à propos.

En général, on ne le soigne pas comme il convient; on le jette tantôt dans une fosse où il est noyé par les eaux qui s'y perdent; tantôt on le laisse sans précaution au milieu d'une cour où il est desséché par le soleil ou bien détrempé par les pluies. C'est là un mauvais système, je vous engage à ne pas l'adopter.

Voici ce qu'il y a de mieux à faire : On dispose une plate-forme légèrement inclinée, et, autant que possible, abritée du côté du midi. On y entasse le fumier par couches régulières, jusqu'à 2 mètres environ de hauteur. Sur chaque couche, on répand un peu de plâtre en poudre pour empêcher l'évaporation. Puis, par la sécheresse, on l'arrose avec le purin qui en découle et qu'on recueille dans un réservoir. On le recouvre même de terre ou de gazon pour y concentrer la fermentation, et pour le protéger contre le dégât des volailles.

Le fumier, ainsi traité, se transforme en une matière noirâtre et compacte, qui se coupe à la bêche, et qu'on nomme *fumier gras* ou *fumier court,* par opposition à celui qui sort de l'écurie et qu'on appelle *fumier long* ou *fumier frais.*

Le fumier long est dit fumier chaud, ou fumier froid, selon que son action est plus ou moins énergique. Le fumier de cheval, de mouton, est un fumier chaud ; tandis que celui de vache, de porc, est un fumier froid.

Le fumier chaud convient aux terrains froids et argileux, où il agit à la fois comme amendement et comme engrais. Le fumier froid vaut mieux pour les sols légers, sablonneux ;

son effet y est plus lent et plus durable. Le fumier long ou le fumier frais étant plus riche en principes fertilisants que quand il est consommé, on aurait donc intérêt à l'employer à mesure qu'il se produit. Mais vous concevez que cela n'est pas toujours possible; il faut consulter les besoins de chaque récolte; on risquerait aussi, en l'employant trop tôt, de propager les mauvaises herbes dont les graines s'y conservent tant qu'il n'a pas fermenté.

On fait usage du fumier frais, ou du fumier gras et consommé, selon le genre de culture qu'on se propose. S'il s'agit de plantes hâtives, telles que le colza, le chanvre, les betteraves, les pommes de terre., etc, c'est du fumier gras que vous devez prendre, parce qu'il agit immédiatement.

Si, au contraire, ce sont des plantes de plus longue durée, comme des céréales, des prairies artificielles, c'est le fumier frais qu'il faut préférer. Sa décomposition s'opérant lentement, il agit plus long-temps : son action s'exerce d'une année à l'autre, même sur plusieurs récoltes successives.

On fume, en général, à deux époques de l'année, pour les semailles de printemps et pour celles d'automne, soit sur les labours qui les précèdent, soit sur ceux qui les accompagnent. Mais ayez toujours pour principe d'enfouir immédiatement le fumier, sans le laisser, comme cela se fait trop souvent, exposé aux effets de l'évaporation qui lui ôte une partie de ses propriétés. Toutefois, il faut excepter le cas où il est répandu en couverture.

On a le tort aussi de ne pas prendre soin du purin. On le voit se perdre dans les cours, s'écouler sur la voie publique, et on ne songe pas le moins du monde à le conserver. Cependant il a une valeur réelle en agriculture, et il nous importe de l'utiliser.

On le recueille dans une fosse séparée, on s'en sert d'abord pour humecter le fumier, puis pour arroser les prairies artificielles et même les céréales auxquelles il procure une grande force végétative; seulement il doit être étendu d'eau.

On l'emploie aussi mêlé à de la terre fine; cette terre absorbe le liquide, et semée sur les récoltes, elle devient un engrais très-actif.

Le purin, dans la fosse, est exposé à se corrompre et à répandre une mauvaise odeur. On prévient cet inconvénient en y jetant de temps en temps un peu de plâtre et en remuant avec un bâton.

QUESTIONNAIRE.

Qu'appelle-t-on engrais mixtes ?

Qu'est-ce que le fumier ?

Le soigne-t-on toujours convenablement ?

Comment convient-il de le soigner ?

Qu'appelle-t-on fumier gras ou court ?

Qu'appelle-t-on fumier frais ou long ?

Comment se divise le fumier long ou frais ?

A quelles terres convient le fumier chaud ?

A quelles terres convient le fumier froid ?

Quand faut-il employer le fumier long ou frais ?

Quand faut-il employer le fumier gras ou court ?

A quelle époque fume-t-on ordinairement ?

Doit-on enfouir immédiatement le fumier ?

Quel usage faut-il faire du purin ?

CHAPITRE CINQUIÈME.

INSTRUMENTS ARATOIRES. — LABOURS.

Onzième Leçon.

Instruments aratoires.

Outre les amendements et les engrais, la terre exige des labours. On nomme instruments aratoires les instruments qui servent à labourer. Je vous parlerai des principaux.

Charrue. — Je ne vous dirai rien de la charrue, vous la connaissez. Cet instrument est aujourd'hui bien perfectionné. Il y en a deux sortes : la charrue à avant-train, c'est celle que vous voyez fonctionner tous les jours; et la charrue sans avant-train, autrement dite araire.

Araire. — L'araire n'est que la charrue ordinaire réduite à son arrière-train, c'est-à-dire à l'âge, aux mancherons, au soc, au versoir, etc. : elle est plus légère, demande moins de force de traction; seulement, elle est un peu moins facile à diriger. Elle convient pour les défrichements et surtout quand il s'agit de labourer à fond.

Charrue fouilleuse. — La charrue fouilleuse est une espèce d'araire sans versoir. On l'emploie pour des labours très-profonds, quand on veut pénétrer jusqu'au sous-sol à l'effet d'en ramener la terre à la surface.

Buttoir. — Le buttoir est une sorte d'araire avec un soc triangulaire, et un double versoir dont les ailes s'écartent ou se rapprochent à volonté. Cet instrument, traîné par un seul cheval, sert à butter les plantes disposées en lignes, c'est-à-dire à relever la terre autour du pied, de manière à les préserver de la sécheresse et à en favoriser l'accroissement.

Herse. — La herse est une sorte de châssis

en forme de triangle, de losange ou de carré long, armé de dents de bois, ou mieux de fer. Elle sert à briser les mottes dans les terres fortes, à enlever les mauvaises herbes après un labour, à enfouir les graines fines, enfin à rompre au printemps la croûte du terrain à l'effet de chausser le pied des jeunes plantes.

Rouleau. — Le rouleau est un cylindre en fonte, en pierre ou en bois, et dans ce dernier cas, quelquefois garni de dents de fer. On l'emploie sur les sols compactes et argileux, pour écraser les mottes de terre, sur les sols légers et friables pour tasser, raffermir la couche supérieure, pour y consolider les racines des plantes et les faire taller, c'est-à-dire pousser de nouveaux jets.

Voici, mes enfants, d'autres instruments moins répandus et que je tiens à vous faire connaître, en raison de leur utilité.

Extirpateur. — L'extirpateur se compose d'un châssis triangulaire garni de petits socs plats à double tranchant placés horizontalement : il est pourvu de mancherons qui permettent d'exercer un certain degré de pression. Cet instrument coupe la terre par tranches, la divise, l'ameublit, et y détruit les mauvaises herbes; mais il ne fonctionne que sur des terrains légers, et que pour des façons superficielles.

Scarificateur. — Le scarificateur ne diffère de l'extirpateur qu'en ce qu'au lieu de socs, le châssis est garni de coutres, sorte de lames de fer solides et tranchantes, légèrement recourbées. Il fonctionne sur les terrains compactes, y pénètre plus profondément, arrache les plantes à racines traçantes; il convient surtout après un défrichement.

Le même instrument sert à la fois comme extirpateur ou comme scarificateur. Il suffit qu'on puisse y adapter à volonté des socs ou des coutres.

Houe à cheval. — La houe à cheval ressemble à l'extirpateur. Ses socs sont mobiles; ils s'écartent et se rapprochent à volonté. Elle sert aux différentes façons d'entretien qu'exige la culture des plantes sarclées. C'est un instrument très-utile, appelé à rendre de grands services à l'agriculture. Je ne saurais trop vous en recommander l'usage.

Pour avoir une juste idée de ces instruments, mes enfants, il faut les voir, il faut les examiner de près : rien n'est plus facile si vous le voulez ; venez avec moi au prochain comice agricole, nous les trouverons exposés, et je me ferai un plaisir de vous en expliquer le mécanisme.

Je me dispenserai de vous entretenir des instruments à main, tels que la houe, la bêche, la pioche, la binette, etc., etc. ; vous les avez tous les jours sous les yeux. Je n'ai, par conséquent, sous ce rapport, rien à vous apprendre.

QUESTIONNAIRE.

Qu'appelle-t-on instruments aratoires ?

Combien y a-t-il de sortes de charrues ?

Qu'est-ce que l'araire ?

Quel en est l'usage ?

Qu'est-ce que la charrue fouilleuse ?

Qu'est-ce que le buttoir ?

A quoi sert-il ?

Qu'est-ce que la herse ?

Quel en est l'usage ?

Qu'est-ce que le rouleau ?

Combien y en a-t-il de sortes ?

A quoi sert-il ?

Qu'est-ce que l'extirpateur ?

Quel en est l'usage ?

Qu'est-ce que le scarificateur ?

Quel en est l'usage ?

Qu'est-ce que la houe à cheval ?

Quel en est l'usage ?

Douzième Leçon.

—

Labours.

Nous voici, mes enfants, arrivés aux labours : c'est l'amendement par excellence ; c'est l'opération la plus importante de l'agriculture.

Les labours ont pour objet d'ameublir le sol, d'en mélanger les différentes parties, de les exposer à l'action vivifiante de l'air, de la chaleur et de l'humidité, de déraciner les mauvaises herbes; enfin, d'enfouir les engrais et les semences.

Nous les diviserons en trois classes :

Les labours *préparatoires* ;

Les labours d'*ensemencement* ;

Les labours d'*entretien* ou *binages*.

Labours préparatoires. — Les labours préparatoires ont pour but de façonner la terre après la récolte, et de la préparer à en produire une nouvelle. Il y a des labours préparatoires pour les semailles d'automne et pour celles de printemps.

La préparation pour les semailles d'automne n'en exige pas moins de trois. Le premier a lieu avant ou après l'hiver pour rompre la croûte épaisse formée à la surface du sol, afin de l'ouvrir à l'influence atmosphérique : c'est le déchaumage; il veut une certaine profondeur.

Le deuxième vient un peu plus tard, quand la couche superficielle commence à durcir; ce labour, un peu moins profond que le premier, doit être plus complet et mieux exécuté.

Le troisième se donne avant les semailles, au moment d'enfouir les fumiers. Ces trois labours, dont un s'opère quelquefois avec l'extirpateur ou le scarificateur, suffisent aux terres légères, tandis qu'un quatrième devient souvent nécessaire pour les terres fortes et argileuses.

Les semailles de printemps exigent moins de préparation ; il ne leur faut guère que deux façons au plus : l'une a lieu à l'automne, l'autre après l'hiver, un peu avant de semer.

Parmi les labours préparatoires figurent les labours de défoncement. Ils ont pour objet, soit de rendre le sous-sol perméable en le remuant avec la charrue, soit d'amender le sol en ramenant à la surface une terre propre à le modifier.

Labours d'ensemencement. — Les labours d'ensemencement s'effectuent pour enterrer les semences. On laboure à plat, en planches et en billons. Vous voyez tous les jours de ces sortes de labours.

Labourer *à plat,* c'est retourner la terre, en la découpant par bandes plus ou moins épaisses renversées les unes sur les autres, de manière à ce qu'elles présentent dans leur ensemble une surface plane et unie.

Ce labour convient aux sols légers, il y entretient la fraîcheur ; en outre, il permet une plus égale distribution de la semence ; il facilite l'usage de la faux pour la récolte. On l'emploie surtout quand on fait des prairies artificielles.

Le labour *en planches* présente aussi une surface unie, mais coupée de distance en distance par des sillons parallèles plus ou moins profonds. C'est l'espace compris entre chaque sillon qu'on nomme planche.

La largeur des planches varie, selon la nature des terrains, de 3, 5, 10, 15 mètres. Les plus étroites conviennent aux sols imperméables exposés à être noyés par les pluies d'hiver ; les plus larges sont réservées à ceux qui n'ont pas à craindre l'excès d'humidité. Toutefois, il est bon d'y tracer avec la charrue, ou mieux avec le buttoir, des rigoles transversales pour faciliter l'écoulement des eaux qui peuvent survenir en trop grande abondance.

Le labour *en billons,* au lieu de planches larges, à surface plane, n'offre que des planches étroites, de 1ᵐ 50 au plus, à surface légèrement convexe.

Ce genre de labour se pratique dans les

terres humides un peu inclinées. Les billons sont alors très-bombés, et les sillons qui les séparent assez profonds pour servir de petits fossés d'écoulement.

Ce labour est encore avantageux dans un sol léger et peu profond. Il augmente l'épaisseur de la couche végétale, qui est ramenée sur le milieu du billon où les racines des plantes se développent alors plus facilement. Dans ce cas, le billon doit être très-étroit.

Vous trouverez bien des gens qui ne sont pas partisans de ce genre de labour : on lui reproche de laisser improductive une certaine partie du terrain, les raies qui séparent les billons, de ne pas se prêter à l'emploi de la faux, de la herse, du rouleau et des nouveaux instruments aratoires. Ce reproche n'est pas entièrement fondé : les raies entre les billons favorisent la circulation de l'air, qui alimente les jeunes plantes, et active la végétation.

Je ne vous préciserai pas la profondeur à donner aux labours : cela dépend de l'épaisseur de la couche végétale. Je me contenterai de vous dire qu'ils doivent être plus superficiels pour des céréales que pour les plantes à racines pivotantes, et plus profonds pour les façons préparatoires que pour celles d'ensemencement.

Labours d'entretien. — Le sol, une fois ensemencé, se tasse, se durcit, se couvre d'herbes parasites. Les labours d'entretien ont pour objet de le débarrasser de ces mauvaises herbes, et d'entretenir l'ameublissement de la couche supérieure. Mais vous comprendrez que ces façons, connues sous le nom de sarclages et de binages, ne sauraient s'appliquer qu'aux plantes distribuées en lignes, et qu'on nomme pour ce motif plantes sarclées.

Les binages s'exécutent à l'aide d'instruments à main, comme la houe, la binette, etc., ou bien avec la houe à cheval. Les binages à la main sont plus parfaits, mais ils demandent plus de frais; ils ne sont usités que dans les petites cultures. Dans les cultures un peu étendues, la houe à cheval devient nécessaire : seulement il faut que les lignes soient assez espacées pour lui donner passage; dans certains cas on se sert du buttoir.

Quant aux céréales et aux plantes semées à la volée, on doit se contenter d'arracher à l'aide d'instruments à main les herbes nuisibles qui s'y trouvent; mais il importe

3*

de leur donner après l'hiver un hersage vigoureux, pour briser la croûte qui s'est formée à la surface du sol, surtout dans les terres argileuses, et pour l'ouvrir à l'influence de l'atmosphère.

QUESTIONNAIRE.

Quel est l'objet des labours?

Comment se divisent-ils?

A quoi servent les labours préparatoires?

Combien la préparation des semailles d'automne exige-t-elle de labours?

Quand et comment les exécute-t-on?

Combien les semailles de printemps exigent-elles de labours?

Quand s'exécutent-ils?

Qu'appelle-t-on labours de défoncement?

Quel est l'objet des labours d'ensemencement?

Combien y en a-t-il de sortes?

Qu'est-ce que le labour à plat?

Quel est l'avantage de ce labour?

Qu'est-ce que le labour en planches?

Quelle doit-être la largeur des planches?

Quel est le terrain auquel il convient?

Qu'est-ce que le labour en billons?

Quelle doit être la largeur du billon?

A quel sol convient ce labour?

Quel reproche fait-on à ce labour?

Ce reproche est-il fondé?

Quel doit être, en général, la profondeur des labours?

Quel est l'objet des labours d'entretien?

Comment se nomment-ils?

A quelles plantes s'appliquent-ils?

Comment s'exécutent-ils?

Quels soins d'entretien donne-t-on aux céréales et aux plantes semées à la volée?

CHAPITRE SIXIÈME.

ASSOLEMENT ET ROTATION.

Treizième Leçon.

Depuis un certain temps, mes enfants, l'agriculture a beaucoup gagné. Jadis la terre produisait beaucoup moins, parce qu'on ne la cultivait pas aussi bien. Après une ou deux récoltes, on la laissait en jachères, c'est-à-dire en repos pendant un an.

Aujourd'hui, on fait mieux : on sait que si certaines plantes lui empruntent, d'autres lui rendent plus qu'elles ne lui prennent; c'est-à-dire que si les unes l'épuisent, les autres l'améliorent. Il ne s'agit donc que de faire succéder une récolte améliorante à une récolte épuisante, pour réparer ses pertes, pour ménager sa force productive, et pour supprimer la jachère, ou du moins pour la reléguer dans les mauvais terrains.

Vous n'avez pas oublié, je pense, ce que je vous ai dit à propos de la végétation, savoir : que les plantes, lorsque la tige est tendre et verte, enrichissent le sol, tandis qu'elles l'appauvrissent, quand cette tige se dessèche et durcit.

Il résulte de là que le blé, le seigle, l'orge et l'avoine ; que les haricots, les lentilles, les pois, etc. ; que le colza, le chanvre, les navettes, etc., et en général que toutes les plantes cultivées pour la graine sont épuisantes, puisqu'on ne les récolte que quand la tige est desséchée.

Les herbes artificielles, au contraire, ainsi que toutes les plantes coupées en vert, ou enfouies comme engrais avant leur maturité, sont dites améliorantes, parce qu'elles rendent à la terre par leurs racines plus qu'elles n'en reçoivent, et qu'elles l'engraissent de leurs débris.

Les betteraves, les carottes, les pommes de terre, et en un mot toute culture sarclée, ameublit le terrain, sans l'épuiser beaucoup, à cause du fumier et des binages qu'on lui donne.

Vous devez comprendre qu'en combinant ensemble les différents effets de ces plantes, on peut obtenir tous les ans sur le même sol des produits variés.

On détermine d'abord *l'assolement*, c'est-à-dire la série consécutive des différentes cultures qu'on se propose d'adopter pour chaque terrain. La *rotation* est la succession périodique de ces cultures revenant toujours dans le même ordre après un certain temps. Ainsi une rotation est de trois, quatre ou cinq ans, selon que les mêmes plantes reparaissent tous les trois, quatre ou cinq ans.

Il n'y a pas de règle absolue d'assolement ou de rotation. Ce qu'on doit consulter avant tout, c'est l'espèce, c'est la qualité du sol. Voici seulement quelques principes généraux propres à vous servir de guides :

1° Choisissez les plantes qui conviennent le mieux à chaque terrain;

2° Variez-en chaque année les espèces;

3° Intercalez les récoltes améliorantes et les récoltes épuisantes;

4° Substituez autant que possible à la jachère des prairies artificielles, ou des plantes sarclées;

5° Proportionnez la quantité des fourrages au nombre de bestiaux nécessaire pour produire assez d'engrais;

6° Donnez aux terres légères des plantes à tige herbacée, à racines traçantes. et réservez aux terres fortes les végétaux à racines pivotantes.

Ces principes, mes enfants, sont de M. Dombasle, l'un de nos plus habiles agronomes. Tâchez de vous en bien pénétrer, et que ce soit là votre *credo agricole*.

QUESTIONNAIRE.

Qu'est-ce que la jachère?

Comment peut-on la supprimer?

Qu'appelle-t-on plantes améliorantes et plantes épuisantes?

Dans quel cas des récoltes sont-elles améliorantes ou épuisantes?

Quel effet produisent sur le sol les céréales? — les prairies artificielles? — les plantes sarclées?

Comment obtient-on tous les ans des produits d'un même sol?

Qu'entend-on par assolement? — par rotation?

Peut-on établir une règle absolue d'assolement et de rotation?

Citez à ce sujet quelques principes généraux.

CHAPITRE SEPTIÈME.

CÉRÉALES.

—

Quatorzième Leçon.

—

Blé ou Froment.

Les plantes dont la culture nous intéresse le plus, mes enfants, se divisent en six classes principales, savoir :

Les céréales ;
Les plantes fourragères ;
Les plantes légumineuses ;
Les plantes sarclées ;
Les plantes oléagineuses ;
Les plantes textiles.

Nous allons nous occuper de chacune en particulier.

Les céréales sont des plantes dont les graines farineuses servent à la nourriture de l'homme et des animaux domestiques. De ce nombre sont : le blé ou froment, le seigle, l'orge, l'avoine, le sarrasin, le maïs.

Le blé ou froment est la céréale par excellence, la plus substantielle, la plus nutritive, la plus propre à notre usage. Il y en a plusieurs variétés : les blés barbus et les blés ras, les blés tendres et les blés durs; on distingue aussi les blés d'automne et les blés de printemps ou de mars.

Le blé n'aime ni les terres trop compactes, ni les terres trop légères : il lui faut un sol argileux uni à une certaine quantité de calcaire ou de silice, c'est-à-dire un sol argilo-calcaire, ou argilo-silicieux, bien fumé et bien préparé.

Il doit succéder soit à une culture sarclée,

soit à une plante fourragère, et particulièrement à un jeune trèfle rompu par un seul labour. Il vient aussi après l'avoine et le sarrasin.

Nous préférons, dans nos contrées, le blé d'automne au blé de printemps, parce qu'il produit bien davantage; cependant on sème quelquefois de ce dernier, quand le premier n'a pas réussi.

L'époque des semailles pour les blés d'automne varie ordinairement du **20** septembre au **15** novembre; mais c'est le mois d'octobre qui convient le mieux. Quant au blé de printemps, il se sème presque toujours au mois de mars. La quantité de semence à employer est d'environ deux hectolitres par hectare; cela dépend de la qualité du terrain et du mode d'ensemencement.

On sème, comme vous le savez, à la volée, c'est-à-dire avec la main; mais on sème aussi au semoir, nouvel instrument destiné à cet usage. Il est traîné par un cheval. Le grain y est disposé de manière à tomber régulièrement en lignes sur le sol où il est immédiatement recouvert. Cet instrument est avantageux : il économise la semence, il la distribue plus également, et facilite les sarclages. Je vous engage beaucoup à l'adopter, d'autant plus qu'il y a, pour les petites cultures, des semoirs à brouette qu'une personne peut conduire.

L'ensemencement à la volée est dit sous-raie s'il a lieu avant le labour, et sur-raie s'il a lieu après. Dans le premier cas la semence se recouvre à la charrue; dans le second, à la herse. Le premier est préférable pour les terrains légers. En général, le grain ne doit pas être enterré à plus de 6 à 10 centimètres de profondeur.

Mais la chose la plus essentielle dans l'ensemencement, c'est la bonne qualité de la semence. Choisissez donc toujours pour cela le blé le plus beau, le plus pur, le mieux nettoyé; et, pour y détruire tout principe d'altération, et préserver la récolte de certaines maladies, comme le charbon ou la carie, ne manquez pas de le soumettre à l'opération du *chaulage.*

Cette opération consiste à mêler le blé avec de la chaux en poudre, ou à l'arroser avec de l'eau de chaux. Voici un moyen plus sûr :

On prend 8 à 10 litres d'eau, on y fait dissoudre un kilogramme de chaux avec un demi-litre de sel; on plonge dans cette dissolution un hectolitre de blé qu'on remue avec une pelle, et qu'on retire presque aussitôt.

On emploie aussi une dissolution de sulfate de soude et d'eau, dans laquelle on fait baigner le grain, qu'on saupoudre ensuite de chaux. Six hectogrammes de sulfate dissous dans 7 ou 8 litres d'eau suffisent, avec un kilogramme de chaux, pour chauler un hectolitre de grain.

Le blé, une fois en herbe, réclame des soins d'entretien. Les terres humides et légères où le calcaire domine, se soulèvent à la surface par l'effet des gelées : il faut les rouler au printemps pour les raffermir et pour y consolider les racines.

Les terres fortes argileuses se durcissent pendant l'hiver; il faut les herser pour rompre la croûte superficielle, à l'effet de dégager, d'aérer les jeunes tiges et d'ameublir le terrain. C'est le seul binage possible, quand on ne sème pas en lignes.

Enfin les mauvaises herbes croissent, se multiplient; il faut les arracher; il faut sarcler; mais ces sarclages ne s'exécutent qu'à la main. On choisit le moment où le sol n'est ni trop sec ni trop humide : c'est le moyen de le nettoyer sans endommager les plantes.

Ces travaux faits, on attend l'époque de la récolte.

Cette récolte dans nos contrées, comme vous le voyez tous les ans, commence au mois de juillet. On coupe le blé à la faucille ou à la faux, et même à la sape, sorte de petite faux. On se sert aussi de *moissonneuse*, machine d'invention nouvelle, mise en mouvement par un cheval.

Le travail à la faucille est simple et facile, mais long et dispendieux ; le travail à la faux exige des hommes forts et robustes : il est plus expéditif et plus économique ; il en est de même du travail à la sape. Les moissonneuses vont beaucoup plus vite : jusqu'ici elles ne s'emploient que dans les grandes exploitations ; mais elles ne fonctionnent pas toujours très-régulièrement.

N'attendez pas, pour récolter le blé, qu'il soit complètement mûr ; car alors l'épi s'égraine ; le grain se dessèche et se tarit ; le poids et le rendement diminuent. Il vaut mieux le couper un peu plus tôt, et le laisser plusieurs jours sur place, afin qu'il achève de mûrir, et que la paille et l'herbe qu'elle contient aient le temps de sécher. Mais pour le garantir de la pluie, voici comment on doit le disposer :

On le lie d'abord en petites gerbes; on en met une debout, et cinq ou six à l'entour, un peu inclinées, puis par-dessus une plus grosse, renversée sur les autres, l'épi en bas, de manière à les couvrir et à les abriter. Cette disposition, appelée *meulettes*, petites meules ou *moyettes*, permet au blé de passer plusieurs jours dehors sans inconvénient, et d'arriver ainsi à une entière maturité.

On l'entasse ensuite dans les granges; quelquefois on en fait en plein air des meules qu'on recouvre d'une toiture de paille, puis on le bat pendant l'hiver, soit au fléau, soit avec une machine appelée batteuse.

Le battage au fléau est trop lent; dans les grandes cultures on a des batteuses, on en voit même dans des petites. Quelques-unes de ces machines ont l'avantage de battre et de vanner en même temps.

Le grain une fois vanné et bien nettoyé se conserve dans des greniers bien aérés où on a soin de le remuer, pour empêcher qu'il ne s'échauffe. En bonne qualité, il doit peser 70 à 80 kilogrammes par hectolitre. Le rendement est de **20** à **25** hectolitres par hectare.

Je ne vous parlerai pas du blé de mars, il se cultive à peu près comme celui d'automne; il se contente de terres légères, pourvu qu'elles soient un peu profondes. La paille en est courte, et l'épi peu fourni. Il talle peu; aussi faut-il le semer assez épais.

QUESTIONNAIRE.

En combien de classes se divisent les plantes ?

Qu'appelle-t-on céréales ? — Quelles sont les principales ?

Qu'est-ce que le blé ? — Quelles en sont les principales variétés ?

Quel est le terrain qui lui convient ?

A quelles cultures doit-il succéder ?

Quelle est l'époque des semailles ?

Quelle quantité de semence faut-il employer ?

Comment sème-t-on le grain ?

Qu'est-ce que le semoir, et quels en sont les avantages ?

Comment recouvre-t-on le grain ?

Quel blé choisit-on pour semence ?

En quoi consiste le chaulage ?

Citez quelques procédés de chaulage.

Quels soins d'entretien réclame le blé ?

Quand et comment le moissonne-t-on ?

Faut-il attendre qu'il soit bien mûr ?

Comment le dispose-t-on sur place ?

Qu'en fait-on quand il est sec ?

Comment s'exécute le battage ?

Comment conserve-t-on le grain ?

Quel est le poids du grain par hectolitre ?

Quel est le rendement par hectare ?

Comment se cultive le blé de mars ?

Quinzième Leçon.

Seigle.

Le seigle tient, après le blé, le premier rang parmi nos céréales. Son grain donne une farine assez nourrissante; sa paille est recherchée pour divers usages; il sert même, en vert, de fourrage et d'engrais.

Ce qui doit nous le rendre plus précieux, c'est qu'il s'accommode d'une terre maigre, sablonneuse ou calcaire. où le froment ne réussirait pas, et qu'il exige peu de fumier. Mais il faut que cette terre ait été ameublie par plusieurs labours. Le seigle, comme le blé, succède à une culture sarclée ou fourragère.

On le sème dès le premier septembre, à raison d'environ deux hectolitres par hectare; on le répand à la volée, soit sur-raie, soit sous-raie, et on l'enterre avec la herse ou avec la charrue. Comme il n'a point à craindre la carie. il n'a pas besoin de chaulage, il suffit de bien nettoyer la semence.

Au printemps. il demande aussi quelques soins d'entretien. c'est-à-dire des roulages, des hersages et des sarclages. Il se récolte environ huit à quinze jours avant les autres céréales; son rendement est de 15 à 20 hectolitres par hectare. Sa culture, du reste, diffère peu de celle du blé.

Le seigle est sujet à une maladie, c'est l'*ergot*. Le grain de seigle ergoté est étiré, allongé, comme l'ergot d'un coq; on le distingue à sa couleur violette. Il serait dangereux comme nourriture; il importe de mettre de côté les épis atteints de cette maladie.

On cultive aussi, sous le nom de *méteil*, le seigle mêlé au froment. Mais ces deux céréales ne mûrissant pas en même temps, le mélange donne rarement de bons produits.

Il existe d'autres variétés de seigle, telles que le seigle de mars, le seigle de la St-Jean, appelé aussi seigle multicaule, parce qu'il donne beaucoup de tiges. Ces variétés se cultivent plutôt comme fourrage et comme engrais. Le seigle de la St-Jean se sème en juin, se coupe en vert à l'automne, repousse ensuite, et se récolte en grain l'année suivante.

QUESTIONNAIRE.

Quelle est l'utilité du seigle ?	Quand et comment se sème-t-il ?
Quelle terre lui faut-il ?	Quel soin exige-t-il ?

Quel est son rendement? | Existe-t-il d'autres va-
Quelle est la maladie du | riétés de seigle?
seigle? | Qu'est-ce que le seigle
Qu'appelle-t-on méteil? | de la Saint-Jean?

Seizième Leçon.

—

Orge. — Avoine.

Orge. — L'orge mérite d'être classée après le seigle, en raison de son importance. En voici, mes enfants, les différents usages.

D'abord on en fait du pain dans les campagnes, en la mélangeant avec du blé ou du seigle; elle remplace l'avoine pour les chevaux; elle nourrit, engraisse les bestiaux et les volailles; elle fournit en vert un bon fourrage; enfin elle sert à la fabrication de la bière.

On en distingue deux espèces principales : celle d'hiver et celle de printemps; elles admettent l'une et l'autre plusieurs variétés.

L'orge d'hiver la plus estimée et la plus productive, c'est l'escourgeon : c'est la meilleure pour faire de la bière; elle est aussi très-bonne comme fourrage. Néanmoins elle est peu cultivée dans nos terrains. Son épi a six rangs. L'orge de printemps n'en a que deux; c'est l'espèce que nous préférons. Cependant l'orge carrée en a également six; mais cette variété est moins répandue.

L'orge se plaît sur un sol ordinaire, meuble, frais, et convenablement fumé; elle succède à des plantes sarclées, ou bien à des céréales d'hiver. On la sème à la volée, du 15 mars au 15 avril; on l'enterre plutôt à la charrue qu'à la herse, et on ne lui donne, comme façon d'entretien, qu'un simple roulage quand les tiges commencent à se développer.

On la moissonne, à la faux, avant qu'elle soit bien sèche; autrement le grain se perd, l'épi se casse. Il faut éviter qu'elle reste exposée à la pluie : elle germe très-vite, à moins qu'elle ne soit en tas. On calcule que 2 à 3 hectolitres de semence par hectare en rapportent 20 à 30.

Avoine. — L'avoine est pour nous moins utile que les autres céréales; nous ne la cultivons que pour les chevaux. Sa paille, comme celle de l'orge, est excellente pour les vaches et les moutons.

Nous en avons de deux sortes : celle d'hiver et celle de printemps. La première est de meilleure qualité, mais elle vient plus difficilement. C'est la dernière que nous cultivons de préférence.

L'avoine est peu exigeante sous le rapport du terrain, pourvu qu'il ne soit pas trop maigre, et qu'il soit bien préparé. Elle réussit parfaitement après des plantes sarclées, après un trèfle, un sainfoin, une luzerne, sur un sol nouvellement défriché.

L'avoine de printemps se sème au mois de mars, celle d'hiver au mois d'août. On l'enterre, soit à la herse, soit à la charrue, puis on fait passer le rouleau sur le sol, à l'effet d'écraser les mottes et d'y faciliter l'usage de la faux. Elle réclame plus tard un hersage énergique, et différents sarclages pendant sa végétation.

Dès qu'elle est sèche, on s'apprête à la récolter ; on la coupe à la faux, un peu avant sa complète maturité. Certains cultivateurs la laissent en javelles, exposée à la pluie, pour faire renfler le grain. C'est un tort ; il vaut mieux la lier, la mettre en tas, et attendre, pour la rentrer, qu'elle soit parfaitement mûre.

L'avoine exige à peu près la même quantité

de semence que l'orge; mais elle rend un peu plus, surtout l'avoine d'hiver.

QUESTIONNAIRE.

Quel usage fait-on de l'orge?

Combien y a-t-il d'espèces d'orge?

Quelle est celle que nous devons préférer?

Comment se sème-t-elle?

Comment la récolte-t-on?

Quel est son rendement?

Quel usage fait-on de l'avoine?

Combien y en a-t-il de sortes?

Quel sol exige-t-elle?

Quand et comment se sème-t-elle?

Quand la récolte-t-on?

Dix-septième Leçon.

—

Sarrasin. — Maïs.

Sarrasin. — Voici, mes enfants, une céréale assez peu appréciée, et qui est cependant d'une grande utilité : c'est le sarrasin ou blé noir, qu'on pourrait appeler le froment des pays pauvres. Certaines campagnes s'en nourrissent à défaut de blé; on en fait manger aux chevaux à défaut d'avoine; on en donne aux porcs et aux volailles pour les engraisser; enfin on l'emploie, en vert, comme fourrage et comme engrais.

Il réussit dans les plus mauvais terrains,

précède ou suit sans inconvénient les céréales, et vient en récolte dérobée, c'est-à-dire en seconde culture après le seigle, l'orge ou l'avoine.

Vous comprenez qu'avec de tels avantages, ce doit être une précieuse ressource pour les contrées stériles.

Quand on le cultive pour le grain, on le sème du 15 mai au 15 juin, à raison d'un demi-hectolitre par hectare. sur un terrain préparé et fumé. On le sème aussi quelquefois sans aucune préparation ; on le recouvre à la charrue ou à la herse. Trois mois après, on le récolte et on le remplace par une céréale.

Si on le cultive pour fourrage ou pour engrais, on ne le sème qu'au mois de juillet, en raison d'un hectolitre par hectare ; on le coupe, ou on l'enfouit lors de sa floraison, quand on veut ensemencer.

Cultivé sur un bon sol, il réussit beaucoup mieux et produit bien davantage : son rendement dépasse alors 20 à 25 hectolitres par hectare. On le récolte aussitôt que la plupart des grains sont en maturité.

Maïs. — Le maïs ne se cultive en grand que dans le Midi ; je veux cependant vous en dire un mot. Cette céréale fournit une farine substantielle propre à notre nourriture ; mais elle sert plutôt à engraisser les volailles et certains animaux domestiques. Sa feuille, employée verte ou sèche, fait un bon fourrage ou une bonne litière. On l'enfouit aussi comme engrais.

Le maïs veut un climat chaud, une bonne terre, plusieurs labours préparatoires et des engrais suffisants. C'est dans le terrain argilo-siliceux qu'il se plaît le mieux.

On le sème en avril ou en mai, à la volée pour le faucher en vert, et en lignes pour le récolter en grain. Ces lignes sont espacées d'environ 50 centimètres ; on met 3 ou 4 grains pour chaque pied, à 30 centimètres de distance.

Aussitôt qu'il a quelques centimètres de hauteur, on le sarcle et on le bine. Un peu plus tard, on lui donne une deuxième façon ; après quoi on le butte.

On le récolte dès que les feuilles sont sèches : le grain est alors mûr. On coupe l'épi, qu'on met dans un lieu sec jusqu'au moment de l'égrainer. Mais on conserve, sans y toucher, celui qui doit servir de semence. Le rendement du maïs est de 25 à 30 hectolitres par hectare.

4*

QUESTIONNAIRE.

Quel est l'usage du sarrasin ?

Quel est le terrain qui lui convient ? — Quels sont ses avantages ?

Quand et comment se sème-t-il ?

A quelle époque se récolte-t-il ?

Quel est son rendement par hectare ?

Quel est l'usage du maïs ?

Quel est le terrain qui lui convient ?

Quand et comment le sème-t-on ?

Comment le récolte-t-on ?

CHAPITRE HUITIÈME.

PLANTES FOURRAGÈRES.

Dix-huitième Leçon.

Prairies naturelles.

La Providence, mes enfants, à qui nous devons le blé qui nous nourrit, nous a aussi donné les plantes nécessaires aux besoins de nos animaux domestiques : ce sont les plantes fourragères. Les terrains qui les produisent se nomment prairies. Il y en a deux sortes : les *prairies naturelles* et les *prairies artificielles*.

Les prairies naturelles sont celles où l'herbe

croît naturellement, c'est-à-dire d'elle-même, et dure indéfiniment. Les prairies artificielles, au contraire, sont celles où elle vient par les soins de l'homme, et où elle ne dure qu'un certain temps.

Bien que les prairies naturelles croissent sans culture, ne croyez pas que nous soyons dispensés, à leur égard, de travaux d'entretien. Il faut aux plantes de la fraîcheur pour en activer la végétation : de là la nécessité de les arroser au printemps, quand cela est possible.

L'excès d'humidité nuit à la qualité des fourrages; les prés où les eaux dorment poussent de mauvais foin : il faut les assainir par des fossés d'écoulement ou plutôt encore par le drainage.

Les mauvaises herbes, les mousses, les joncs, finiraient par envahir, par étouffer les meilleures plantes; il faut les arracher, les détruire, donner force coups de herse, répandre des cendres, garnir les places vides, arroser avec du purin étendu d'eau; il faut enfin faire disparaître les taupinières, niveler le terrain, curer les fossés, et entretenir les clôtures.

La fauchaison a lieu au mois de juin, au moment où les plantes sont en pleine fleur. Le fourrage alors est plus tendre, il a plus de goût. Si on attend sa complète maturité, il durcit et perd de sa valeur.

Le foin une fois fauché reste en *andains*, jusqu'à ce qu'il soit sec à la surface; on le retourne ensuite, on le répand çà et là sur le sol, où il achève de sécher; après quoi on le rentre, ou on le met en meules pour le serrer quelques jours après. Il faut avoir soin de l'entasser dans le fenil d'une manière égale, afin que la fermentation qu'il doit subir puisse s'opérer d'une manière uniforme.

Ce qui importe le plus à sa qualité, c'est d'être récolté dans des conditions favorables. Le bon foin est toujours sec, bien vert, on le reconnaît à sa bonne odeur.

QUESTIONNAIRE.

Qu'appelle-t-on plantes fourragères?

Qu'entend-on par prairies?

Combien y a-t-il d'espèces de prairies?

Quelle différence entre les prairies naturelles et les prairies artificielles?

Quels soins d'entretien exigent les prairies naturelles?

Quelle est l'époque de la fauchaison?

Quels soins exige la récolte du foin?

A quoi reconnaît-on le bon foin?

Dix-neuvième Leçon.

—

Prairies artificielles.

—

Luzerne. — Trèfle.

Vous connaissez déjà, mes enfants, l'importance des prairies artificielles en agriculculture. Vous savez qu'elles contribuent à améliorer les terrains, à multiplier les fourrages, et qu'elles permettent ainsi d'avoir plus de bestiaux et par conséquent plus d'engrais. De plus, elles sont la base de tout bon assolement.

Les principales plantes cultivées, comme prairies artificielles, sont : la luzerne, le trèfle, le sainfoin, la lupuline, les vesces, etc.

Luzerne. — La luzerne est celle qui produit le plus, qui dure le plus long-temps ; elle convient à tous les bestiaux. Mais elle est exigeante sur le choix du sol.

Elle veut un terrain léger, riche et profond, qui ne soit pas trop humide, et qui ait été bien labouré et largement fumé. Elle réussit quelquefois sur des coteaux d'assez maigre apparence, quand ses racines y trouvent un sous-sol facile à pénétrer.

On la sème au printemps sur une céréale, orge ou avoine, environ 30 litres par hectare; on la recouvre à la herse. Elle pousse un peu la première année, mais sans produire. On la fauche l'année suivante, et ce n'est que la troisième année qu'elle est en plein rapport. Alors elle ne fournit pas moins de trois coupes.

Si vous voulez qu'elle rapporte beaucoup et long-temps, il faut lui donner tous les ans force coups de herse, l'arroser quelquefois de purin étendu d'eau, y répandre un peu de terreau ou de fumier, ou bien encore la plâtrer, mais avec réserve; vous la conserverez ainsi pendant 8 ou 10 ans.

La luzerne se fauche dès le 15 mai pour la première coupe; elle demeure quelque temps en andains, puis on la retourne; quand elle est bien sèche, on la rentre, à moins qu'on ne la laisse plusieurs jours en tas.

Trèfle. — Le trèfle, pour la qualité, est préférable à la luzerne. Mais il ne se fauche qu'une année. C'est un fourrage recherché des bestiaux et surtout des chevaux. Cependant ne leur en laissez pas trop manger en vert, ils s'en trouveraient incommodés.

Choisissez pour cette plante des terres fortes, bien façonnées et bien engraissées, ou un sol argilo-calcaire frais et profond, d'une moyenne consistance et convenablement amendé.

Le trèfle accompagne ordinairement une céréale. On le sème au printemps sur l'orge ou sur l'avoine, 20 à 25 litres par hectare, et quelquefois à l'automne sur le froment ; on le recouvre très-légèrement à la herse.

La première année, il produit peu ou point ; mais si on lui donne au printemps, l'année suivante, un hersage énergique, avec un bon plâtrage, et qu'on ait soin de l'arroser avec du purin, on est certain d'avoir une belle récolte.

Il se fauche dans la première quinzaine de juin, aussitôt qu'il est en fleur ; on le fane ensuite, et on le serre quand il est bien sec. Quelquefois on le met en meule, et on l'y laisse jusqu'à ce qu'il ait, comme on dit, jeté son feu. Il produit une seconde coupe moins abondante que la première, c'est celle qu'on réserve pour la graine. Dans ce cas, on attend, pour le récolter, que la graine soit bien mûre, c'est-à-dire que les tiges soient desséchées.

Il existe une variété de trèfle connue sous le nom de *trèfle incarnat*, qui se mange vert plutôt que sec. On le sème seul au mois d'août après une céréale, sur un sol léger, sablonneux ou calcaire, sans labour préparatoire. Il suffit alors d'un seul coup de herse pour enterrer la semence.

Ce trèfle ne donne qu'une coupe. Il se fauche l'année suivante au mois d'avril. Le terrain se trouve assez tôt débarrassé pour recevoir immédiatement une autre culture, telle que l'avoine, le sarrasin, les haricots, les pommes de terre, etc.

QUESTIONNAIRE.

Quelle est l'importance des prairies artificielles?

Quelles sont les plantes propres à ces prairies?

Qu'est-ce que la luzerne?

Quel est le sol qui lui couvient?

Quand et comment se sème-t-elle?

Quels soins d'entretien exige-t-elle?

Combien de temps dure-t-elle?

Quand commence-t-on à la récolter?

Qu'est-ce que le trèfle?

Quelle terre exige-t-il?

Quand et comment se sème le trèfle?

Quels soins exige-t-il?

Comment se récolte-t-il?

Qu'est-ce que le trèfle incarnat?

Comment se cultive-t-il?

Quand se récolte-t-il?

Vingtième Leçon.

—

Sainfoin. — Lupuline. — Vesces.

Sainfoin. — Le sainfoin, mes enfants, n'a pas moins de valeur que les autres plantes, seulement il est un peu moins productif. C'est un fourrage sain et nourrissant qui convient surtout aux chevaux de travail.

Il est peu difficile sous le rapport du terrain ; il croit indifféremment sur un sol riche ou maigre, pourvu que ses racines pivotantes puissent pénétrer profondément dans le sous-sol. On le cultive sur les coteaux, à l'effet de lier les terres et de les retenir sur la pente.

On le sème sur une céréale de printemps ou d'automne, à raison de 4 à 5 hectolitres de semence par hectare, et on l'enterre à la herse. Le terrain doit avoir reçu d'abord un labour profond, accompagné d'une bonne fumure.

L'année suivante on lui donne, au mois de mars ou d'avril, un hersage énergique suivi d'un bon plâtrage. Plus tard, on y répand un peu de terreau, ou on l'arrose avec de l'eau provenant des égoûts de fumiers,

Grâce à ces soins qu'on renouvelle chaque année, on parvient à le conserver en bon rapport pendant 7 ou 8 ans. On le fauche deux fois par saison, mais la seconde coupe est moins abondante que la première.

On le récolte dès qu'il est en pleine fleur, on le laisse sécher quelques jours sur place, puis on le rentre. Seulement évitez, autant que possible, une trop grande dessication qui ferait tomber les feuilles, et qui ne laisserait plus que des tiges durcies.

Si vous voulez avoir de la graine, attendez qu'elle soit bien mûre, fauchez le matin à la rosée; serrez le fourrage avec précaution, et vous le battrez aussitôt. Mais alors, les tiges qui restent sont dures, les bestiaux s'en soucient peu.

Lupuline. — Voici une autre plante moins commune, mais qui n'est pas sans valeur : c'est la lupuline, autrement dite minette dorée ou trèfle jaune. Elle est recherchée par tous les bestiaux et particulièrement par les moutons. Elle réussit sur toute espèce de terrains; dans les bons, on la cultive comme fourrage; dans les mauvais, comme simple pâture. On la mêle quelquefois au trèfle et au sainfoin, auxquels elle s'associe parfaitement.

On la sème, comme le trèfle, sur une céréale, à raison de 15 à 20 litres par hectare, et on l'enterre de la même manière. On la récolte quand elle est en fleur. Elle ne rapporte qu'une année et ne produit qu'une seule coupe.

Vesces. — La culture des vesces nous offre aussi une certaine ressource, celle d'un fourrage substantiel qui, vert ou sec, convient à tous les bestiaux.

Cette plante réussit à peu près sur tous les terrains. Cependant elle préfère un sol frais, un peu argileux, et suffisamment amendé.

Il y a des vesces d'hiver et des vesces d'été. Les premières se sèment au mois de septembre, les autres au mois d'avril, à raison de deux hectolitres par hectare. On y mêle un peu de seigle ou d'avoine : elles s'attachent aux tiges de ces céréales et se développent plus facilement. Elles servent à remplacer les récoltes de trèfle qui viennent à manquer.

On les fauche pour fourrage lorsqu'elles sont en fleur, et on ne les rentre que quand elles sont bien sèches. Le sol n'a rien perdu, et il peut être disposé immédiatement pour une seconde culture.

On les récolte pour graine, quand elles sont

en maturité; mais alors le terrain, s'il n'a d'abord été parfaitement fumé, se trouve épuisé avant d'être ensemencé, il a besoin d'engrais.

Jarosse. — Je vous citerai encore, comme donnant un bon fourrage, la jarosse, dont la graine, réduite en farine, sert quelquefois à faire de mauvais pain.

Cette plante, qui vient à peu près partout, se sème sur la fin du mois d'août dans la proportion d'environ deux hectolitres par hectare.

On la fauche au printemps selon les besoins qu'on en a, ou bien on attend qu'elle soit en fleur, à l'effet de la récolter comme les autres fourrages.

QUESTIONNAIRE.

Qu'est-ce que le sainfoin?

Quelle terre exige-t-il?

Quand et comment le sème-t-on?

Quels soins doit-on lui donner?

Combien dure-t-il d'années?

Quand se récolte le sainfoin?

Qu'est-ce que la lupuline?

Comment la cultive-t-on?

Quel terrain lui convient?

Comment se sème-t-elle?

Quand se récolte-t-elle?

Quelle est l'utilité des vesces?

Quel terrain leur faut-il?

Quand et comment se sèment-elles?

Quand les récolte-t-on?

Qu'est-ce que la jarosse?

Quand se sème-t-elle?

Quand se récolte-t-elle?

CHAPITRE NEUVIÈME.

PLANTES LÉGUMINEUSES.

Vingt-et-unième Leçon.

Haricots. — Fèves.

On comprend sous le nom de légumineuses certaines plantes qui produisent des graines farineuses à notre usage, telles que les haricots, les fèves, les lentilles, les pois, etc.

Je vous dirai, mes enfants, un mot de leur culture.

Haricots. — Nous distinguons deux sortes de haricots : les haricots ramés et les haricots nains.

Les haricots ramés sont ceux dont la tige grimpante s'attache à des rames qui lui servent d'appui. Ce sont ceux que l'on cultive dans les jardins.

Les haricots nains sont ceux dont la tige peu élevée se soutient sans appui. Ce sont ceux dont nous nous occupons.

Il faut aux haricots un terrain frais, léger, bien ameubli, et un fumier plus ou moins abondant, selon qu'on se propose de les remplacer par une céréale ou par toute autre plante.

On les sème du mois d'avril au mois de mai, en lignes espacées de 30 à 40 centimètres, trois ou quatre pour chaque pied, avec un intervalle d'environ 15 à 20 centimètres. On les enterre superficiellement : c'est ordinairement à la charrue ou à la houe que se fait cette opération.

Six semaines après on leur donne un léger binage qu'on renouvelle plus tard d'une manière plus complète, et on les laisse ainsi jusqu'au moment de la récolte.

Aussitôt que l'enveloppe commence à sécher, c'est une preuve que la graine est mûre. On les arrache à la main; on les lie par petites bottes, on les rentre, et on les suspend à l'air dans un endroit bien sec où ils restent jusqu'à ce qu'on les batte au fléau.

Fèves. — On cultive moins les fèves que les haricots, et cela sans doute parce que nous en faisons une moins grande consommation; cependant elles fournissent une substance farineuse très-nourrissante. Les chevaux, les bestiaux, les volailles s'en trouvent très-bien.

Les fèves croissent sur toute espèce de terrain qui n'est ni trop léger, ni trop humide; elles préfèrent cependant une terre forte, bien ameublie et bien engraissée.

On les sème en lignes, comme les haricots, mais un peu plus espacées et un peu plus tôt, du mois de mars au mois d'avril, à la houe ou à la charrue.

Dès qu'elles sont levées on leur donne un premier binage à la main, puis un second à la houe avant que les tiges soient trop grandes. Dans les terres légères, il vaut mieux les butter.

Quand on leur voit prendre une teinte noire, elles sont bonnes à récolter. On les coupe alors, sans attendre la complète maturité du grain; seulement on a soin de ne les rentrer que quand elles sont sèches. Les tiges vertes sont excellentes pour les bestiaux.

QUESTIONNAIRE.

Qu'entend-on par plantes légumineuses?

Quelles sont les principales?

Combien y a-t-il d'espèces de haricots?

Quel terrain leur faut-il?

Quand et comment les sème-t-on?

Quels soins exigent-ils?

De quelle manière les récolte-t-on?

Qu'est-ce que les fèves?

Quel sol exigent-elles?

Comment les sème-t-on?

Quels soins leur faut-il?

Comment se fait la récolte des fèves?

Vingt-deuxième Leçon.

—

Lentilles. — Pois.

Lentilles. — Les lentilles, mes enfants, réunissent l'avantage de nous servir comme aliment, comme fourrage et comme engrais. Elles servent comme aliment, quand on les récolte en grain ; comme fourrage, quand on les coupe avant la floraison pour les bestiaux ; enfin comme engrais, quand on les enfouit en vert. C'est donc un triple motif pour nous de les cultiver.

Elles se contentent d'un sol léger, même d'une qualité médiocre. Elles craignent moins l'excès de sécheresse que l'excès d'humidité ; seulement il faut que le sol ait été convenablement amendé.

On les sème en avril, après une céréale, en lignes ou à la volée : à la volée, quand c'est pour fourrage ; en lignes, quand c'est pour le grain. Dans les deux cas on les recouvre assez légèrement.

Les lentilles semées en lignes exigent, comme les fèves et les haricots, un ou deux sarclages : aussi elles viennent beaucoup mieux et fournissent un grain plus substantiel et mieux nourri.

On les coupe ou on les arrache dès que les feuilles jaunissent; on s'exposerait à en perdre une grande partie, si on attendait davantage. On les laisse sécher sur place, liées en petites bottes, après quoi on les rentre pour les battre, quand on en a besoin.

On les fauche au moment de la floraison quand on les récolte pour fourrage; on veille à ce qu'elles soient bien sèches avant de les serrer.

Pois. — Les pois nous présentent à peu près les mêmes avantages que les lentilles. Le grain en est nourrissant, le fourrage un peu moins bon, et leur emploi comme engrais plus répandu, sans être de meilleure qualité.

Nous avons également plusieurs espèces de pois, et entre autres les pois ramés, ceux de jardin, et les pois nains, ceux des champs.

Ils s'accommodent des terres les plus pauvres, où on les enfouit pour tenir lieu de fumier. Mais, en général, c'est sur les sols secs et légers qu'ils réussissent le mieux s'il y a eu quelque engrais.

Ils se sèment en mars, presque toujours à

la volée, et s'enterrent au moyen de la charrue. Ceux qu'on veut enfouir ne se sèment que pendant l'été, et de manière qu'au moment des semailles d'automne leurs tiges soient assez développées pour engraisser le terrain.

L'époque de la récolte des pois varie, selon qu'on les cultive pour le grain ou pour le fourrage. Dans le premier cas, on attend qu'ils soient mûrs; on les fauche, puis on les rentre quand ils sont secs. Dans le second cas, on les coupe en pleine fleur; ils restent quelque temps sur place. On les retourne plusieurs fois, et on ne les serre que quand on les trouve suffisamment desséchés.

QUESTIONNAIRE.

Quel est l'usage des lentilles ?

Quel terrain leur faut-il ?

Quand et comment les sème-t-on ?

Quels soins exigent-elles ?

Comment se fait la récolte des lentilles ?

Quelle est l'utilité des pois ?

Quel terrain exigent-ils ?

Quand se sèment-ils ?

Quand les récolte-t-on ?

CHAPITRE DIXIÈME.

PLANTES SARCLÉES.

Vingt-troisième Leçon.

Pommes de terre.

Nous appelons, comme vous le savez, mes enfants, plantes sarclées les plantes disposées en lignes, et qui, en raison de cette disposition, sont susceptibles d'être sarclées et binées. Leurs racines nous offrent une grande ressource, soit comme aliments, soit comme fourrage.

Vous vous rappelez que nous avons reconnu deux grandes classes de plantes, les unes *améliorantes,* les autres *épuisantes.* Je crois devoir vous répéter ce que nous avons dit alors à propos des plantes sarclées, savoir : qu'elles tirent du sol leur principale nourriture sans trop l'épuiser; qu'elles le divisent par leurs racines; qu'elles l'ameublissent, et qu'elles l'amendent par les façons et les engrais qu'on leur applique, et qu'ainsi elles sont plutôt améliorantes qu'épuisantes ; et, en effet, elles le préparent à la culture des céréales qui leur succèdent.

Les principales sont : les pommes de terre, les betteraves, les carottes, les panais, les navets, les topinambours, etc.

Pommes de terre. — La pomme de terre est, après les céréales. la plus utile de toutes les plantes. Elle est, pour le pauvre comme pour le riche, une précieuse ressource quand le blé ou le fourrage vient à manquer.

Il lui faut une terre légère, labourée à une certaine profondeur. et surtout bien fumée ; elle vient aussi dans une terre forte qui n'est pas trop humide, mais elle y est moins bonne. Comme toutes les plantes sarclées, tantôt elle suit, tantôt elle précède une céréale.

Les pommes de terre se plantent en avril, à la charrue. On les dispose au fond du sillon à 30 ou 40 centimètres de distance, et de manière à laisser entre chaque rayon un intervalle d'environ 60 centimètres. On les plante aussi à la houe, ce qui consiste à les placer dans des trous creusés à l'aide de cet instrument et suffisamment espacés. On choisit les plus saines, celles qui sont de moyenne grosseur. On a l'habitude de les couper en mor-

ceaux quand elles sont trop grosses : on a
tort, car alors elles se pourrissent trop vite.
On conseille de les chauler pour les préserver
de la maladie dont elles sont atteintes depuis
plusieurs années.

Dès qu'elles sont sorties de terre, on leur
donne d'abord un léger binage à la main;
un peu plus tard on le renouvelle, mais plus
profondément; on fait disparaître les mauvaises herbes, puis enfin on les butte. Ces
opérations s'exécutent avec la houe à cheval,
avec l'extirpateur et le buttoir. Il faut alors
que l'intervalle entre les lignes permette
l'usage de ces instruments.

On les récolte au mois de septembre ou au
commencement d'octobre. Les fanes ou tiges,
alors jaunes et desséchées, annoncent qu'elles
sont en maturité. D'ailleurs c'est le moment
des semailles, et le terrain attend une céréale.
On les arrache à la houe, ou bien à la charrue, et autant que possible par un beau temps;
on les nettoie, on les débarrasse de la terre qui
les recouvre, et on les rentre le même jour. On
les place à l'abri de l'humidité et de la gelée,
dans une cave ou dans une grange, où on a
soin de leur ménager un courant d'air. S'il
s'en trouve quelques-unes qui ne paraissent

pas parfaitement saines, on les met de côté, ce sont les premières qu'on fait manger aux bestiaux.

QUESTIONNAIRE.

Qu'appelle-t-on plantes sarclées ?

Les plantes sarclées doivent-elles être considérées comme améliorantes ou épuisantes ?

Quelles sont les principales plantes sarclées ?

Quelle est l'utilité des pommes de terre ?

Quel est le terrain qui leur convient ?

Quand et comment les plante-t-on ?

Quels soins exigent-elles ?

Quand et comment les récolte-t-on ?

Vingt-quatrième Leçon.

Betteraves.

La betterave, mes enfants, vaut encore mieux que la pomme de terre pour les bestiaux, et surtout pour les vaches laitières ; les moutons en sont très-friands. Elle a, de plus, l'avantage de nous servir à fabriquer du sucre et de l'alcool. Nous l'employons même quelquefois comme aliment.

Elle demande un sol riche, profond, largement fumé, et labouré à fond, avant et après l'hiver, et à l'époque de l'ensemencement. Elle croît aussi sur un sol moins fertile, mais la récolte y est moins abondante.

Nous en distinguons deux espèces principales : la betterave de *Silésie*, espèce blanche, préférée pour les sucreries et les distilleries ; la betterave champêtre ou *disette*, espèce rouge, destinée à la nourriture du bétail. Sa racine croît au-dessus du sol ; c'est, dit-on, la plus productive. Celle qui sert à notre usage est rouge, elle se cultive dans les jardins.

Les betteraves se sèment du premier avril au quinze mai au plus tard, soit en pépinière pour être repiquées, c'est-à-dire transplantées, soit sur place, en lignes ou à la volée.

Le semis en pépinière se fait sur un petit carré de terrain, sorte de couche, où on les dispose en rayon ou autrement. Quand elles sont assez fortes, on les arrache avec précaution, on coupe l'extrémité des tiges, on trempe les racines dans une dissolution de bouse de vache et de purin, enfin on les repique en lignes à l'aide d'un plantoir, en laissant 40 à 50 centimètres entre chaque pied, et 50 à 60 entre chaque ligne ; il est bon d'arroser s'il est possible. Le repiquage a lieu du 15 mai au 15 juin.

Quant au semis sur place, voici comment il s'exécute, si vous le voulez en lignes :

On trace d'abord sur le sol des rayons de 4 à 5 centimètres de profondeur, à 50 ou 60 centimètres de distance ; on y répand la semence par deux ou trois graines à la fois, de manière à en employer 10 à 12 sur la longueur d'un mètre. On se sert avantageusement, dans ce cas, d'un petit semoir roulant qui permet de les distribuer avec plus de précision. On les enterre avec le dos de la herse.

On se borne quelquefois à faire des trous avec le plantoir, et à y déposer la graine ; on la recouvre d'un peu de terre qu'on foule légèrement.

Le semis à la volée se fait comme celui des plantes fourragères, mais il faut ensuite éclaircir, c'est-à-dire arracher les pieds trop rapprochés, ce qui demande du temps et des bras. Ce semis a en outre l'inconvénient de rendre plus difficiles les binages et les sarclages. Je vous conseille plutôt de semer en lignes, la récolte est toujours plus belle.

Dès que les betteraves repiquées ont pris racine, il faut leur donner un premier sarclage ; on en fait autant pour celles qu'on a semées en rayon, mais n'oubliez pas, auparavant, de les éclaircir. Renouvelez ces façons une ou deux fois avant la récolte, selon que l'exigent la propreté et l'ameublissement du sol.

On a le tort quelquefois de cueillir un peu trop tôt les feuilles pour les bestiaux. On altère ainsi la qualité de la plante. Attendez, vous y gagnerez davantage.

Les betteraves sont mûres au mois d'octobre; c'est le moment de les récolter. On commence par les débarrasser de leurs tiges, que l'on conserve avec soin pour les vaches ; puis on les arrache, ce qui se fait le plus souvent à la main ou avec la houe à dents. Laissez-les ensuite ressuer un peu sur place avant de les rentrer, et ayez soin de les déposer à la cave ou dans tout autre endroit où elles n'aient à souffrir ni de l'humidité ni du froid.

QUESTIONNAIRE.

Quelle est l'utilité de la betterave ?

Quel terrain lui convient?

Combien y en a-t-il d'espèces ?

Quand sème-t-on les betteraves ?

Comment se fait le semis en pépinière ?

Comment se fait le repiquage ?

Comment se fait le semis sur place en lignes ?

Quelles façons doit-on leur donner ?

Quand doit-on les récolter ?

Vingt-cinquième Leçon.

Carottes. — Panais.

Vous connaissez, mes enfants, l'usage de la carotte, c'est pour nous un aliment substantiel ; c'est pour les bestiaux une nourriture excellente, elle remplace même quelquefois l'avoine pour les chevaux. Elle se cultive en grand comme plante fourragère.

Sa racine, essentiellement pivotante, réclame un sol riche, peu argileux, profondément ameubli par trois labours successifs, avant, pendant, et après l'hiver, et surtout largement engraissé à l'avance.

Les carottes se sèment au mois de mars, à la volée, ou bien en lignes. On les recouvre à peine, seulement on leur donne ensuite un roulage des plus énergiques. Pour la facilité des binages, le semis en lignes est préférable. Ces lignes sont tracées à environ 30 centimètres de distance, et on y répand la semence soit à la main, soit au semoir. Ne prenez jamais de graine qui ait moins de deux ou trois ans ; il en faut à peu près 4 à 5 litres par hectare.

Lorsqu'elles sont sorties de terre, on les bine très-légèrement, sans toucher d'abord aux mauvaises herbes qui entourent la plante, de peur de l'endommager. Plus tard on opère un sarclage plus complet, acccompagné d'un nouveau binage. On éclaircit alors le semis, en arrachant tout ce qu'il y a de trop ; la distance à laisser entre chaque pied est de 12 à 15 centimètres. On renouvelle ces façons une fois ou deux, si on les juge nécessaires.

Le mois d'octobre est l'époque de leur maturité, c'est alors que nous devons les récolter. On les arrache à la charrue ou bien à la houe à dents ; on coupe les tiges, qu'on réserve pour fourrage. Les racines sont nettoyées, rentrées et mises à l'abri de l'humidité et de la gelée.

Les carottes à notre usage croissent ordinairement dans les jardins ; elles sont jaunes, tandis que les autres sont blanches ou rouges. Elles se cultivent à peu près de la même manière.

Panais. — Je ne vous parlerai pas du panais. Comme emploi, comme qualité nutritive, il a les mêmes avantages que la carotte ; il demande les mêmes soins de culture. Seulement il est moins sensible au froid, et plus difficile à arracher. Sa graine veut être un peu plus enterrée.

Quel est l'usage de la carotte ?

Quel sol lui convient ?

Quand et de quelle manière sème-t-on les carottes ?

Quels soins d'entretien réclament-elles ?

Quand et comment faut-il les récolter ?

Comment se cultive le panais ?

Vingt-sixième Leçon.

—

Navets. — Topinambours.

Le navet, mes enfants, est une plante potagère et fourragère non moins propre que la carotte à notre alimentation et à celle des bestiaux. Il aime un sol frais, léger et bien amendé.

Les navets se sèment au mois de mai ou au mois d'août, selon que c'est pour notre usage, ou qu'ils sont destinés aux animaux. La graine se répand à la volée, mais mieux en rayons, dans le premier cas. On leur donne ensuite les binages nécessaires, et aussitôt qu'ils sont arrivés à leur grosseur, on les arrache, autrement ils deviendraient durs et creux. On les sème aussi en pépinière pour les repiquer comme les betteraves.

Au mois d'août, ils succèdent à une céréale après un simple labour; on les enterre à la herse, et on obtient ainsi un bon fourrage qu'on fait même quelquefois manger sur place.

On cultive encore une espèce de gros navet connu sous le nom de *rutabaga,* mais il lui faut un terrain plus riche, plus profond et mieux fumé; il craint peu l'humidité, c'est ce qui fait qu'on le préfère quelquefois aux betteraves. Ses feuilles repoussent à mesure qu'on les cueille et conviennent, aussi bien que les racines, à la nourriture des bestiaux. Il se sème et se récolte à peu près comme le navet ordinaire, mais il est d'un bien meilleur rapport.

Topinambour. — Le topinambour est un végétal à haute tige, à larges feuilles, et dont les racines ressemblent beaucoup à celles de la pomme de terre. Il est recherché des bestiaux, des chevaux et des volailles même. Il croît à peu de profondeur, dans un terrain calcaire, bon ou mauvais, un peu sec et bien ameubli. C'est, comme vous le voyez, une plante très-utile et d'une facile culture.

Les topinambours se plantent en lignes au mois de mars, à la charrue ou bien à la houe, à 8 ou 10 centimètres de profondeur. On laisse un intervalle de 40 ou 50 centimètres entre chaque pied, et de 60 à 70 entre chaque ligne.

Dès qu'ils ont atteint une certaine hauteur, on les sarcle et on les bine; puis, plus tard, on les butte. Ce sont là les seules façons qu'ils réclament. Ces tubercules ne gèlent pas, ils restent en terre pendant l'hiver; on les arrache à mesure qu'on en a besoin. Ils se reproduisent d'eux-mêmes, presque sans façons d'entretien, et durent indéfiniment.

Malgré ces avantages, je vous dirai qu'on les cultive peu, et cela parce qu'il est difficile de les détruire là où ils ont pris racine. Cependant on y parvient en les arrachant d'abord avec soin, puis en les remplaçant successivement par deux cultures différentes susceptibles d'être fauchées en vert la même année, et auxquelles on fait succéder une céréale.

QUESTIONNAIRE.

Quelle est l'utilité des navets?

Comment se cultivent-ils?

Comment cultive-t-on le rutabaga?

Quelle est l'utilité des topinambours?

| De quelle manière se plantent-ils ? | Quel inconvénient présentent-ils ? |
| Quand se récoltent-ils ? | Comment les détruit-on ? |

CHAPITRE ONZIÈME.

PLANTES OLÉAGINEUSES.

Vingt-septième Leçon.

Colza.

Il y a certaines plantes, mes enfants, dont la graine produit de l'huile. Ces plantes sont dites oléagineuses. Les principales sont : le colza, la navette, la cameline, et le pavot.

Colza. — Le colza est une espèce de chou, à tige rameuse, dont la graine fournit une huile propre à l'éclairage. Les pains ou tourteaux qui résultent de son résidu, s'emploient comme aliment pour les bestiaux, et même comme engrais. On le cultive quelquefois comme fourrage.

Nous avons deux sortes de colza, celui d'hiver et celui de printemps. Celui-ci est moins avantageux que le premier, mais il croît bien plus vite.

Choisissez pour le colza un sol profond, frais, un peu argileux, sans excès d'humidité, bien fumé et bien façonné. Il s'accommode aussi d'une terre moins riche, mais alors il fournit un peu moins.

Le colza d'hiver se sème au mois d'août, à la volée ou en lignes, et au mois de juillet en pépinière, pour être repiqué en septembre ou en octobre. Le colza de printemps se sème du mois d'avril au mois de mai, et se récolte la même année.

Le semis à la volée demande 12 à 15 litres de graine par hectare; mais, comme je vous l'ai déjà dit plusieurs fois, il a l'inconvénient d'empêcher les binages. Le semis en lignes est préférable. Dans ce cas on procède comme pour les betteraves. Les lignes sont espacées de 40 à 50 centimètres, et les graines distribuées de manière à laisser entre chaque pied un intervalle de 30 à 40 centimètres. On recouvre avec le dos de la herse, puis on fait passer le rouleau. Quand le plant est levé, on l'éclaircit, si c'est nécessaire, puis on le bine.

Je ne vous recommanderai pas moins le semis en pépinière. Un petit carré de terrain abondamment fumé est préparé à cet effet. On y sème la graine assez clair pour que le plant devienne fort et robuste ; puis au mois de septembre ou d'octobre, vous l'arrachez avec soin, pour le repiquer en rayons, au plantoir, ou à la charrue, en ayant soin de l'enterrer jusqu'au collet. On laisse entre chaque pied 30 ou 40 centimètres, et 40 à 50 entre chaque ligne, comme dans le premier cas.

Dès qu'il a pris racine, on le sarcle et on le bine ; au printemps, on recommence cette opération, qu'on renouvelle même encore avant la récolte.

Le colza se coupe dès le mois de juin. N'attendez pas qu'il soit complètement mûr, car il s'égrainerait. On le laisse sécher sur place, après quoi on le rentre avec précaution, pour le battre immédiatement : le battage a lieu quelquefois en plein champ sur une large toile. On obtient 15 à 18 hectolitres de graine par hectare.

Cultivé comme fourrage, il succède à une céréale. Aussitôt la récolte enlevée, on le sème à la volée après un coup de charrue, et on l'enterre à la herse. Dès le mois de septembre il peut être pâturé par les moutons, mais ne les y laissez pas trop, dans la crainte qu'ils ne le déracinent. Au printemps il repousse, et fleurit de bonne heure, on le fauche alors pour les bestiaux.

QUESTIONNAIRE.

Qu'entend-on par graines oléagineuses?

Quelles sont les principales?

Combien y en a-t-il d'espèces?

Qu'est-ce que le colza?

Quelle est son utilité?

Quelle est la terre qui lui convient?

Quand et comment se sème-t-il?

Quels soins exige-t-il?

A quelle époque se fait la récolte?

Quelles précautions demande-t-elle?

Comment se cultive-t-il comme fourrage?

Vingt-huitième Leçon.

—

Navette. — Pavot. — Cameline.

Navette. — La culture de la navette, mes enfants, diffère peu de celle du colza, seulement elle est moins productive.

Un sol médiocre bien préparé lui suffit, moyennant un peu de fumier; mais elle réussira mieux sur un bon terrain.

Nous en distinguons deux espèces, l'une d'hiver, l'autre de printemps. La première, à mon avis, est préférable.

La navette d'hiver se sème à la volée, du

15 août au 15 septembre, en raison de 10 à 12 litres par hectare, et autant que possible avant ou après une bonne pluie; on l'enterre à la herse, puis au printemps on arrache les plants trop rapprochés qu'on donne aux bestiaux; les autres en viennent beaucoup mieux. On la laisse croître ainsi jusqu'au mois de juin; quand elle est sèche, on la coupe le matin à la rosée, et le soir on la rentre avec précaution de peur de l'égrainer. Son rendement est de 12 à 15 hectolitres par hectare.

La navette de printemps demande moins de préparation de culture, elle pousse vite et sur toute espèce de terrain. Vous pouvez la semer du mois de mai au mois de juin. Son principal avantage est de remplacer une céréale qui viendrait à manquer. Elle sert aussi comme engrais vert pour la semaille des blés.

Pavot. — Le pavot produit la graine d'où l'on extrait une huile douce connue sous le nom d'*huile d'œillette*, et dont on fait dans le ménage une assez grande consommation. Pour notre usage, elle est préférable à celle de navette ou de colza.

Cette plante s'accommode d'un sol léger un peu calcaire, mais pourtant riche et profond, auquel rien ne manque en fait d'engrais et de labours.

On le sème au mois de février, après un coup de herse énergique, à raison de 2 ou 3 litres de graine par hectare, soit à la volée, soit en lignes. Ce dernier mode me paraît le meilleur. Dans ce cas, on espace les lignes de 25 à 30 centimètres, et on recouvre la semence très-légèrement. Un fagot d'épines peut faire l'office de la herse.

Au mois d'avril commencent les façons d'entretien, les sarclages et les binages. Vous desserrez alors les plants, de manière à laisser entre chaque pied une distance de 20 à 30 centimètres. Avant la floraison, vous renouvelez ces façons, puis vous attendez.

Les pavots sont mûrs au mois d'août, on s'en aperçoit à leur teinte jaune. On les coupe avant qu'ils soient complètement secs, pour ne pas perdre de graine ; ils restent quelque temps au soleil, où ils finissent de sécher. On les rentre ensuite, et on les place dans un lieu bien aéré jusqu'au moment de les battre ; ils donnent de 10 à 12 hectolitres par hectare.

Cameline. — La cameline est estimée pour son huile qui sert principalement à l'éclairage, et qu'on emploie en peinture sous le nom d'huile *siccative*. Elle est aussi propre à la fabrication du savon.

Cette plante se cultive peu dans nos contrées. Cependant elle réussit sur le sol le plus médiocre, et ne réclame presque aucun travail de préparation et d'entretien. Nous ferions donc bien d'essayer de cette culture; elle remplace avantageusement, dans les bonnes terres, les récoltes compromises par la gelée, par la grêle ou par tout autre fléau.

On la sème en avril ou en juin, toujours à la volée, et en raison de 7 à 8 litres par hectare; on l'enterre avec la herse. Quand elle est levée, on éclaircit, on arrache les mauvaises herbes; c'est là le seul soin qu'elle demande.

On la récolte en septembre. Aussitôt qu'on la voit jaunir, on la coupe et on la rentre, en prenant les précautions nécessaires pour ne pas l'égrainer. Elle produit de 14 à 16 hectolitres par hectare.

QUESTIONNAIRE.

Quel sol convient à la navette?

Combien y en a-t-il d'espèces?

Comment et quand se sème la navette d'hiver?

Quels soins doit-on lui donner?

Quand et comment se récolte-t-elle?

Quel est l'avantage de la navette de printemps? — Quand se sème-t-elle?

Qu'est-ce que le pavot?

Quel est le terrain qui lui convient?

6*

Quand et comment le sème-t-on ?

Quels soins exige-t-il ?

Quand et comment se fait la récolte ?

Qu'est-ce que la cameline ?

Quel est le terrain qui lui convient ?

Quels sont les avantages qu'elle offre ?

A quelle époque doit-on la semer ?

Quand et comment se récolte-t-elle ?

CHAPITRE DOUZIÈME.

PLANTES TEXTILES.

Vingt-neuvième Leçon.

Chanvre. — Lin.

Les plantes textiles, mes enfants, pourraient figurer parmi les plantes oléagineuses, puisqu'on en tire aussi de l'huile. Mais on les a classées à part, parce qu'elles fournissent de plus de quoi faire des tissus. C'est à cette propriété qu'elles doivent le nom de plantes textiles.

Je ne vous en citerai que deux, savoir : le chanvre et le lin, qui produisent, outre l'huile, des matières propres à fabriquer du fil, des cordages, des tissus, etc.

Chanvre. — Le chanvre veut une terre riche, féconde, nourrie d'engrais, et profondément remuée. C'est ce qu'on appelle chenevière; on nomme sa graine chenevis, et filasse, les filaments qui entourent sa tige.

Les chenevières exigent au moins trois labours préparatoires : un avant l'hiver, un second après, et un troisième pour enterrer le fumier; les deux derniers sont accompagnés d'un bon hersage. Cette préparation se fait aussi à la bêche, et elle est d'autant meilleure qu'on bêche plus menu et plus profond.

C'est dans le mois de mai que se sème le chanvre. Il faut par hectare trois hectolitres de semence, quelquefois plus, quelquefois moins, selon qu'on vise à la filasse ou à la graine. On la recouvre à la herse; on écrase, on pulvérise les plus petites mottes; enfin, on répand encore par-dessus un peu de fumier bien consommé, réduit en terreau.

Cette plante pousse très-vite. On ne tarde pas à apercevoir des tiges qui prennent une teinte jaune : c'est la femelle qui commence à mûrir; on la récolte sur la fin de juillet ou dans les premiers jours d'août. Le mâle ne mûrit que six semaines après, c'est-à-dire au mois de septembre.

Notez bien, mes enfants, que dans l'application de ces mots mâle et femelle, je me conforme à l'usage de certaines campagnes où l'on donne improprement le nom de mâle à celui qui porte la graine, tandis qu'en réalité c'est à la femelle qu'il convient.

On cueille le mâle après la floraison, on l'arrache brin à brin, un peu avant la maturité pour ménager la graine; on le lie en petites bottes, on l'étend au soleil, et quand la tige est bien sèche, on le bat, puis on le fait rouir comme la femelle, c'est-à-dire qu'on le met dans l'eau pendant 8 à 10 jours, à l'effet de séparer de la tige la matière fibreuse qui l'enveloppe. Cette matière est détachée par le teillage, puis convertie en filasse et en fil. C'est avec ce fil qu'on fait la toile.

Lin. — Le lin n'est pas moins exigeant que le chanvre en fait de terre et d'engrais : il lui faut un sol richement fumé et parfaitement façonné. Ce qui lui convient surtout, c'est un défrichement de prairies naturelles ou artificielles après un seul labour suivi d'un hersage énergique. Mais n'oubliez pas que le fumier doit être bien consommé, et employé avant l'ensemencement.

Il y a du lin de deux saisons : l'un d'hiver,

l'autre de printemps; c'est ce dernier que vous devez préférer. Ils diffèrent peu, du reste, sous le rapport de la culture.

Le lin de printemps se sème au mois de mars, celui d'hiver au mois de septembre, tous les deux à la volée, et en raison de deux à trois hectolitres par hectare. Remarquez que plus on sème dru, plus on a de filasse, et que plus on sème clair, plus la graine est belle.

La semence s'enterre à la herse; un bon roulage achève de briser les mottes. Puis, quand elle est levée, on donne, autant que le permet l'espacement des plants, un léger sarclage, et on attend ensuite jusqu'à la floraison.

La récolte a lieu aux environs du mois de juin ou du mois d'août, selon qu'il s'agit du lin d'hiver ou du lin de printemps.

Dès qu'on voit jaunir les feuilles, on arrache les tiges, on les lie en poignées, et on les étend en faisceaux au soleil, où elles sèchent complètement.

On attend davantage si on cultive pour la graine : il faut qu'elle soit bien mûre et que la dessication soit très-avancée, pour que l'égrainage soit plus facile.

Le battage terminé, on soumet le lin au

rouissage, à l'effet d'en extraire les matières fibreuses qui, converties en filasse, puis en fil, servent à fabriquer de la toile.

QUESTIONNAIRE.

Qu'entend-on par plantes textiles?

Quelles sont les principales?

Quelle terre convient le mieux au chanvre?

Qu'est-ce qu'une chenevière?

Quels soins préparatoires lui faut-il?

Qu'est-ce que le chenevis?

Quand et comment se sème-t-il?

Combien y a-t-il d'espèces de chanvre?

Quand et comment se récolte chaque espèce?

Quelle préparation subit le chanvre?

Quel sol exige la culture du lin?

Combien y a-t-il de sortes de lin?

Quand et comment se sème-t-il?

Quand et comment se fait la récolte?

Quelle préparation lui fait-on subir ensuite?

CHAPITRE TREIZIÈME.

DES ANIMAUX DOMESTIQUES.

Trentième Leçon.

Ecuries. — Etables. — Bestiaux.

Après l'homme, mes enfants, les animaux domestiques jouent le principal rôle en agriculture. Ils nous aident dans nos travaux; ils nous fournissent des engrais; ils nous enrichissent de leurs produits. Ce sont pour nous des serviteurs, des auxiliaires indispensables; nous leur devons des soins particuliers.

Mais souvent ces soins leur manquent, et, en général, on ne s'occupe pas assez de l'entretien, de la conservation de leur santé. Comme nous, ils ont besoin d'air, de lumière et d'espace; et cependant vous les voyez tous les jours entassés dans des écuries, dans des étables, basses, étroites, obscures, encombrées de fumier, où ils ne respirent qu'un air vicié; rien, mes enfants, de plus nuisible pour eux.

Il importe, avant tout, que les écuries soient saines, commodes, bien aérées et proportionnées au nombre de bestiaux qu'elles contiennent. Il faut pour cela qu'elles aient de 3 à 4 mètres d'élévation, et 5 à 6 de surface par tête de gros bétail; que le sol en soit pavé ou bien battu, et disposé de manière à favoriser l'écoulement des urines au dehors. Il faut que les murs soient de temps en temps lavés à l'eau de chaux, que le fumier n'y séjourne jamais plus de huit jours, et qu'enfin tout y soit tenu avec une extrême propreté.

Cette propreté est surtout essentielle pour

les animaux eux-mêmes. Le bœuf, la vache, l'âne et le mulet ont besoin, comme le cheval, d'être pansés, brossés, et quelquefois lavés avec une éponge. Ces soins ont pour but de leur nettoyer la peau, de faciliter le travail de la transpiration et de prévenir certaines maladies. On ne doit pas non plus oublier une litière fraîche et abondante, surtout quand ils sont fatigués. Il y a parfois avec eux, et notamment avec le cheval, des précautions à prendre. Quand il est en sueur, ne l'exposez pas à se refroidir brusquement. Jetez-lui une couverture sur le dos; à l'écurie, laissez-le souffler avant de lui donner à manger, bouchonnez-le avec soin, et évitez les courants d'air.

Ce qui influe le plus sur la santé des bestiaux, c'est le régime alimentaire. Il convient de leur donner une nourriture suffisante et bien appropriée à leurs besoins; il convient surtout, si on veut qu'ils soient toujours robustes et bien portants, de ne leur imposer qu'un travail modéré. Vous vous garderez bien, mes enfants, de les brutaliser; il y a une loi qui punit de la prison quiconque est convaincu de les avoir maltraités publiquement.

Enfin ils sont exposés à tomber malades; il

vous importe alors de savoir les soigner. Aussitôt que vous vous apercevez qu'un animal ne mange plus, qu'il a un air abattu, une démarche chancelante, hâtez-vous d'appeler le vétérinaire plutôt qu'un charlatan de village, qui pourrait imprudemment tuer votre bête.

QUESTIONNAIRE.

Quelle est en agriculture l'utilité des animaux domestiques?

Comment les écuries et les étables doivent-elles être disposées?

Comment faut-il qu'elles soient tenues?

Quels soins de propreté exigent les bestiaux?

Quelles précautions y a-t-il à prendre dans certains cas?

Qu'est-ce qui influe le plus sur leur santé?

Comment faut-il les traiter?

Qu'y a-t-il à faire quand ils tombent malades?

Trente-unième Leçon.

Espèce Chevaline.

Les animaux domestiques qui intéressent le plus l'agriculture, mes enfants, appartiennent à quatre espèces différentes : l'espèce chevaline, l'espèce bovine, l'espèce ovine et l'espèce porcine. Je veux vous entretenir de ce qui concerne chaque espèce.

7

L'espèce chevaline comprend le cheval, dont la femelle est la jument, puis l'âne et le mulet.

Le cheval est le plus précieux et le plus utile de tous. Nous l'employons soit pour la course, à la selle ou à la voiture; soit pour les travaux agricoles, ou pour le service du roulage, et partout nous trouvons en lui un serviteur laborieux et docile.

Il se reproduit et s'élève chez nous à peu près en tout lieu. Cependant il est des contrées où on s'occupe plus particulièrement de cette reproduction, et où on en fait l'objet d'une spéculation importante. Ainsi, mes enfants, je vous citerai la Normandie, la Bretagne, le Poitou, la Franche-Comté, la Lorraine, etc., comme des pays renommés par les chevaux de trait et de selle qu'ils produisent.

Dans ces pays, les juments poulinières, pendant la durée de la gestation, qui est de onze mois, fatiguent peu, vivent bien, et sont traitées avec le plus grand soin. Quelquefois même, pendant tout ce temps, elles restent au pâturage sans rien faire.

Le poulain se nourrit d'abord du lait de la mère; il vit en liberté autour d'elle; il la suit, l'accompagne aux champs, et prend ainsi de la force et de la taille. A deux ou trois mois il commence à manger ; on lui donne un peu de fourrage, accompagné de quelques poignées d'avoine concassée. On le sèvre à six mois, on augmente insensiblement sa ration, et il finit par s'accoutumer au régime ordinaire.

On doit bien se garder de faire travailler trop tôt un jeune cheval. La fatigue nuirait au développement de ses membres. On ne peut guère avant vingt mois, deux ans, le soumettre à un travail continu, et pour l'y habituer, il faut beaucoup de douceur et de patience.

Un cheval fait travaille en moyenne 8 à 9 heures par jour, en deux attelées séparées par un repos de deux ou trois heures ; ce n'est guère qu'à deux ans et demi, trois ans qu'un jeune cheval sera capable de faire le même service.

Les chevaux doivent manger trois fois par jour, et cela, comme nous l'avons dit, à des heures fixes et régulières : le matin, au milieu de la journée et le soir. En temps ordinaire, 8 à 10 kilogrammes de fourrage, foin, luzerne ou sainfoin, etc., avec 5 kilogrammes de paille et 8 à 10 litres d'avoine leur suffisent ; mais quand ils fatiguent il est nécessaire de doubler la ration d'avoine ; on y joint parfois, pour les rafraîchir. un peu de son ou de farine d'orge légèrement humectée.

Pendant l'hiver, ils mangent plus de paille et moins de foin ou d'autre fourrage. On y supplée aussi par des betteraves ou des pommes de terre, et mieux encore par des carottes dont ils sont très-friands. On les nourrit quelquefois au vert ; cette nourriture les purge, leur purifie le sang, et guérit même certaines indispositions ; mais elle ne convient qu'à ceux qui travaillent peu ou qui ont besoin de repos, autrement l'avoine et les fourrages secs sont préférables.

Les chevaux. mes enfants, perdent comme nous leurs forces avec l'âge ; ils s'usent d'autant plus vite qu'on en a moins soin. Ainsi il n'est pas rare de voir un cheval de 12 ou 15 ans hors de service. tandis qu'un autre du même âge conserve encore une partie de sa vigueur. C'est qu'on aura bien soigné l'un, et qu'on aura abusé de l'autre. Avec un travail modéré, ils peuvent vivre 25 à 30 ans. Vous voyez par là combien vous avez intérêt à les ménager.

Le choix d'un bon cheval exige quelque expérience ; il ne faut pas toujours s'en rapporter à soi-même. Voici, mes enfants, ce qu'il y a surtout à rechercher dans un cheval de trait : il doit être épais, court et ramassé ; avoir la poitrine et la croupe larges, les épaules fortes, le corps arrondi et musculeux, la démarche hardie et le pas assuré. Ces signes vous tromperont rarement. J'ajouterai, sur la conduite de cet animal, des recommandations que je vous crois utiles.

Ne le laissez jamais dans la rue sans être attaché ; il pourrait en résulter de graves inconvénients. D'ailleurs, c'est une imprudence que la police condamne.

Quand deux voitures ont à se croiser, il est de règle qu'elles appuient l'une et l'autre sur leur droite, de manière à ne pas se heurter.

Si le cheval est chargé, arrêtez-le de temps en temps dans les montagnes pour lui faire prendre haleine, et dans les descentes enrayez fortement les roues.

Ne montez jamais dans votre voiture sans avoir de guides pour conduire, et ne vous mettez pas en route la nuit sans lanterne. C'est là une double contravention également condamnable.

N'abusez pas du fouet ; le cheval s'y habituerait et finirait par y devenir insensible ; ne vous en servez que quand c'est réellement nécessaire.

Veillez bien à ce que son collier ne soit pas trop étroit et ne lui blesse pas les épaules; veillez surtout à ce qu'il ne reste pas long-temps déferré.

Ane. — L'âne diffère du cheval quant à la forme et à la beauté; on l'emploie, comme lui, à la charrue et à la voiture; il porte de lourds fardeaux, et sert même quelquefois de monture. Sa force, sa patience et sa sobriété le font rechercher des gens peu aisés, surtout dans les contrées vignobles. Cependant on n'est pas toujours juste à son égard, et les mauvais traitements sont souvent le prix de ses services, ce qui le rend têtu, paresseux. Cet animal mange peu, s'accommode de tout ce qu'on lui donne. Il est plus difficile pour la boisson; il lui faut une eau claire et sans mauvais goût. Il craint de se mouiller les pieds; il se détourne pour éviter la boue, et on a peine à lui faire traverser le moindre ruisseau. Je ne saurais trop vous recommander, mes enfants, d'avoir pour cet utile serviteur tous les soins et tous les ménagements qu'il mérite.

Mulet. — Le mulet est produit par l'âne et

par la jument. Ses services, comme animal de trait, ne sont pas moins appréciés que ceux du cheval; il est plus sobre, plus frugal, et résiste mieux à la fatigue; seulement il est parfois entêté, capricieux; et si on lui fait subir de mauvais traitements, il en garde rancune au point de s'en venger. On s'en sert dans les pays de montagnes, là où les fourrages sont maigres et peu abondants. Deux mulets bien nourris font presque autant d'ouvrage que deux chevaux, et coûtent beaucoup moins à entretenir. C'est là un motif suffisant pour les ménager et pour les traiter avec douceur.

QUESTIONNAIRE.

Quels sont les animaux qui intéressent le plus l'agriculture?

Quelle est l'utilité du cheval?

Où trouve-t-on de bons chevaux?

Quel soin a-t-on des juments pendant la gestation?

Comment s'élève le poulain?

Combien le cheval peut-il travailler d'heures par jour?

Comment doit-on le nourrir?

Convient-il de le mettre au vert?

Combien d'années peut-il durer?

A quoi reconnaît-on un bon cheval?

Quelles précautions exige la conduite du cheval?

Quelle est l'utilité de l'âne?

Quel est son caractére?

Comment doit-on le traiter?

Quelle est l'utilité du mulet?

Quel est son caractére?

Dans quels pays l'emploie-t-on?

Trente-deuxième Leçon.

—

Espèce Bovine.

L'espèce bovine, mes enfants, comprend principalement le *bœuf* et la *vache,* animaux dont l'utilité vous est bien connue.

Le bœuf nous seconde par son travail, nous nourrit de sa chair : la vache nous fournit en outre du lait et des veaux, et tous les deux produisent des engrais estimés.

En agriculture le bœuf est souvent préféré au cheval; il va moins vite et fait moins d'ouvrage, il est vrai, mais il coûte beaucoup moins à entretenir, et il a bien plus de valeur quand il est vieux.

On distingue les bœufs d'engrais des bœufs de trait. Les premiers, comme ceux du Charolais, de la Normandie, ont peu d'aptitude au travail; on ne les élève que pour les engraisser. Les bœufs de trait, comme ceux du Nivernais, de l'Auvergne, ont le double avantage de servir d'abord aux travaux des champs, puis au commerce de la boucherie. La race

Durham, tirée de l'Angleterre, est la meilleure pour l'engrais.

L'engraissement commence, pour les uns, à l'âge où ils cessent de croître, à 3 ou 4 ans; et, pour les autres, au moment où ils cessent de travailler, à 10 ou 12 ans. Il a lieu dans les pâturages, quand ils sont riches et abondants, et à l'étable dans les pays où dominent les céréales. Ce dernier mode, mes enfants, est le plus avantageux, parce qu'il permet de conserver les fumiers.

Les animaux, pendant l'engraissement, doivent avoir un régime progressif, c'est-à-dire une nourriture de plus en plus substantielle. On leur donne d'abord du fourrage, en commençant par le moins bon, puis des carottes, des betteraves, des pommes de terre, de l'orge cuite, dont on augmente graduellement la ration. On y substitue ensuite des préparations de farines de seigle, d'avoine, de sarrasin, etc., auxquelles on ajoute quelques tourteaux de lin, de chenevis, de navette bien pulvérisés ; le tout assaisonné d'un peu de sel pour stimuler leur appétit; on les leur distribue toujours aux mêmes heures, et on ne leur fait boire que de l'eau mélangée de son ou de farine d'orge.

Cependant je dois vous dire, mes enfants, qu'il ne convient pas de trop presser l'engraissement des bestiaux, il vaut mieux proportionner la nourriture à la progression de leur embonpoint et à la diminution de leur appétit. Il importe aussi de les tenir à l'étable dans un état complet de calme et de tranquillité, avec le même air et la même température, et de ne leur rien épargner en fait de soins de propreté.

On ne met en général pas plus de 3 à 4 mois à les engraisser, si c'est en hiver; c'est ordinairement cette saison qu'on choisit pour cela; ils ont alors moins à souffrir des mouches et de la chaleur, et on a plus le temps de s'en occuper.

Les bœufs de trait commencent à travailler à deux ans. On n'en exige d'abord qu'un travail léger, facile et de courte durée; on l'augmente à mesure qu'ils s'y habituent. Il faut pour les dresser beaucoup de précautions et de douceur. Gardez-vous bien alors, mes enfants, de les maltraiter; vous les rendriez rétifs et même dangereux.

L'usage est de les atteler au joug; cependant on les attelle aussi au collier : le premier mode est plus gênant pour eux, mais il est plus avantageux que le second, car ils sont, dit-on, plus forts de la tête que des épaules. Le joug semble mieux convenir pour la voiture, et le collier pour la charrue.

Employés à la culture, ils peuvent travailler sept à huit heures de suite dans la matinée; mais ils ont besoin du reste de la journée pour se reposer. On les laisse quelque temps au pâturage avant de les ramener à l'étable.

On calcule que le bœuf ne consomme pas moins de 10 à 12 kilogrammes de nourriture chaque jour. Cette nourriture, pendant la saison des travaux, doit être fortifiante, et se composer de fourrage d'excellente qualité. Dans l'hiver, il se contente de paille, d'un peu de fourrage sec, et surtout de pommes de terre, de betteraves, etc.

Les vaches réclament à peu près les mêmes soins que les bœufs. Il y a des vaches d'engrais et des vaches laitières. Je me bornerai, mes enfants, à vous parler de ces dernières.

Bien que les vaches laitières semblent exclusivement destinées à la reproduction, il est des contrées où on les applique à la culture. C'est évidemment un tort; une vache qui fatigue a peu de lait. Si vous voulez la soumettre au travail, que ce travail n'ait rien de pénible ; ménagez-la pendant la gestation, et surtout nourrissez-la bien.

Après la gestation, elles demandent encore plus de soins et un régime plus confortable. Donnez-leur donc de votre meilleur fourrage, des soupes ou buvées, composées de betteraves, de pommes de terre cuites mêlées de paille hachée et de tourteaux avec des boissons à l'eau de son ou à la farine d'orge. Plus leur nourriture sera substantielle, plus leur lait sera abondant.

Les veaux se sèvrent au bout d'un mois, six semaines, soit qu'on veuille les élever, soit qu'on les destine à la boucherie. On en voit cependant qui tètent trois ou quatre mois et qui deviennent énormes. Alors le prix qu'on les vend dédommage de la perte du lait qu'ils ont consommé. Mais quand on tient au laitage, on s'en débarrasse plus vite à l'effet de traire les vaches le plus tôt possible.

On est dans l'usage de mener paître les bestiaux ; c'est le moyen d'économiser le fourrage. Peut-être en vaudraient-ils mieux s'ils étaient nourris à l'étable ; on y gagnerait au moins du côté du fumier. Mais on a des regains hors d'état d'être fauchés, il faut nécessairement les faire consommer sur place.

Les bons pâturages, d'ailleurs, ne peuvent qu'être favorables aux vaches laitières.

Nous avons vu, mes enfants, que quelques fourrages, et notamment le trèfle, mangés trop verts, occasionnent une certaine maladie : c'est la *météorisation;* elle se manifeste par le gonflement des flancs, surtout du côté gauche; l'animal finirait par périr, s'il n'était promptement secouru.

Voici comment on le traite en pareil cas : on le promène quelques instants; on lui couvre les flancs de linges mouillés d'eau froide. Si le gonflement continue, on lui fait boire deux ou trois verres d'eau mêlés d'une cuillerée ou deux d'ammoniaque; on renouvelle la dose une demi-heure après, si c'est nécessaire. Si le mal résiste à ce remède, on perce légèrement le flanc gauche; le gaz qui produisait le gonflement s'échappe, et l'animal est aussitôt guéri.

Je ne vous ai rien dit du taureau : c'est le mâle de la vache; il sert généralement de bête de trait comme les autres bœufs, après avoir été employé quelques années à la reproduction. C'est un animal avec lequel il ne faut pas jouer; il deviendrait dangereux, si on venait à l'irriter.

QUESTIONNAIRE.

Quelle est l'utilité du bœuf et de la vache?

Lequel des deux, du bœuf ou du cheval, convient le mieux en agriculture?

Qu'appelle-t-on bœufs d'engrais et bœufs de trait?

Quand et comment a lieu l'engraissement des bœufs?

Quel doit être leur régime?

Quelle règle faut-il suivre?

Quand et comment les bœufs sont-ils dressés au travail?

Faut-il préférer le collier au joug?

Combien de temps peuvent-ils travailler chaque jour?

Quelle doit être leur nourriture?

Combien y a-t-il de sortes de vaches?

Les vaches laitières doivent-elles être employées au travail?

Quels soins exigent-elles avant et après la gestation?

Comment les nourrit-on alors?

Quand faut-il sevrer les veaux?

Vaut-il mieux faire paître les bestiaux que de les nourrir à l'étable?

Qu'est-ce que la météorisation?

Comment se traite cette maladie?

Quel est l'usage du taureau?

Trente-troisième Leçon.

Espèce Ovine.

L'espèce ovine, ou les moutons ajoutent beaucoup à la valeur du revenu agricole par la laine, par la chair et par les engrais qu'ils fournissent. C'est donc un grand avantage, quand on le peut, que d'avoir un troupeau.

On distingue, mes enfants, dans les moutons : le bélier, celui qui sert à la reproduction, la brebis qui est la femelle, et l'agneau, c'est-à-dire le jeune animal qu'ils produisent.

L'espèce ovine se divise en plusieurs variétés, dont les principales sont : la race commune, la race mérinos, la race anglaise et la race mixte ou métisse, formée du croisement des autres.

La race commune donne une laine grossière, des bêtes de moyenne taille; elle est peu difficile à nourrir. C'est la plus généralement répandue; elle se plaît dans les pays secs et montueux.

La race mérinos nous vient d'Espagne; c'est la plus estimée pour la finesse de sa laine, dont on fait de riches tissus, mais elle est délicate : elle exige de bons pâturages, un sol sec et bien sain.

La race anglaise produit une laine de seconde qualité; mais elle est excellente pour la boucherie. Elle est sensible à la chaleur, elle craint beaucoup la fatigue; et elle engraisse très-facilement.

Les métis tiennent du mérinos pour la qualité de la chair et de la laine; mais ils sont plus forts. plus robustes, et s'élèvent sans grande difficulté.

Je vous ferai remarquer, mes enfants, que c'est dans les meilleurs pâturages que les moutons ont la plus belle chair, et que c'est dans les plus maigres qu'ils ont la plus belle laine.

Pour avoir un bon troupeau, il faut savoir approprier la race au sol qu'on habite, au but qu'on se propose. Si vous êtes dans un pays de montagnes, choisissez des bêtes de petite taille, vous réussirez mieux à les nourrir. Si vous tenez à l'engrais. et que vous habitiez la plaine, prenez la race métis. ou la race anglaise. vous aurez à la fois de la laine et de la viande. Mais en général, dans la petite culture. on doit préférer la race commune qui donne toujours assez de produits. tandis que les races anglaises et mérinos peuvent y dépérir et n'y rien rapporter.

Ce qu'il faut avant tout. pour les moutons, c'est à l'intérieur un bon régime et au dehors des soins intelligents. La bergerie sera toujours proportionnée au troupeau. c'est-à-dire assez grande. assez aérée pour que rien ne l'y incommode. Elle sera propre. bien tenue, garnie d'auges et de rateliers, destinés à recevoir ses aliments, quand il n'en trouve pas aux champs. Dans ce cas, on lui donne de la paille, du fourrage sec, des pommes de terre et surtout des betteraves, auxquelles on mêle parfois un peu de son. On estime qu'une bête à laine ordinaire consomme par jour, outre la paille, un demi-kilogramme de foin et un kilogramme de racines.

Dans la belle saison ils coûtent beaucoup moins : le paturage leur suffit, si on dispose d'un parcours d'une certaine étendue. Tout repose alors sur les soins du berger. Un bon berger recherche les meilleurs herbages; il évite l'humidité et la rosée, les plantes nuisibles et dangereuses; il se préoccupe de la santé de ses moutons; il veille à ce qu'ils ne soient point maltraités par ses chiens, et il ne les expose jamais à la fatigue ni à la chaleur.

Certaines gens prétendent, mes enfants, qu'il vaut mieux les nourrir à l'étable qu'au pàturage; le mouvement, la marche, dit-on, les variations de température ne permettent pas que les aliments leur profitent autant que s'ils étaient constamment en repos, avec une nourriture bien réglée, et à l'abri de tout accident. Leur éloignement, d'ailleurs, occasionne une perte d'engrais.

Nous partagerions volontiers cette opinion,

s'il s'agissait de moutons à engraisser : car vous savez que l'état de repos convient au régime de l'engraissement; mais s'il s'agit de jeunes bêtes et de brebis-mères, nous croyons que l'exercice leur est favorable, et qu'elles se trouvent mieux du pacage. D'ailleurs l'entretien du troupeau à l'étable serait beaucoup plus dispendieux.

L'engraissement a lieu pour les brebis aussitôt qu'elles sont hors d'état de porter, et pour les moutons à l'âge de deux ou trois ans, et cela pendant l'automne ou pendant l'hiver : dans le premier cas, on leur réserve les meilleurs herbages, qu'on leur fait pâturer chaque jour; dans le second, on leur distribue de bon fourrage, du foin, du trèfle, de la luzerne dont la ration augmente graduellement; on y joint force pommes de terre et betteraves mêlées de son ou de farine d'orge, accompagnées de grains ou de tourteaux pulvérisés. On veille enfin à ce qu'ils sortent assez rarement et à ce que rien ne les incommode.

Il est des contrées où les troupeaux, en été, passent la nuit au dehors dans des enceintes formées de cloisons mobiles. Cet usage, connu sous le nom de parcage, existe surtout là où les pailles manquent pour la litière. Le parcage a des avantages : les terres où séjournent les moutons reçoivent d'excellents engrais; mais, comme il n'est pas sans inconvénient pour eux, on fera bien de n'en pas abuser.

Le moment où les brebis exigent le plus de soins, c'est l'époque de l'agnelage, c'est-à-dire lorsqu'elles mettent bas, ce qui arrive habituellement en décembre ou en janvier. Il leur faut alors une nourriture saine et substantielle, qui dure pendant tout le temps de l'allaitement, de bon fourrage, des racines, du son en abondance. Il convient, pendant ce temps, de les tenir à part; les agneaux s'en trouvent mieux : ils sont moins exposés à être écrasés. Au bout de six semaines, ils commencent à manger : on leur donne d'abord des aliments tendres et délicats, et, quatre à cinq mois après, on finit par les sevrer.

On emploie quelquefois le lait de brebis aux mêmes usages que le lait de vache. Il est plus gras, contient plus de crème, mais il est beaucoup moins agréable au goût.

C'est au mois de juin qu'on fait ordinairement la tonte des moutons, c'est-à-dire qu'on les dépouille de leur laine. On les lave quelquefois avant l'opération; mais ce n'est pas une bonne pratique : il vaut mieux tondre d'abord, puis laver la toison. Il importe ensuite de les garder à la bergerie une bonne partie du jour, et de ne les faire sortir que le matin et le soir; ils auraient trop à souffrir des mouches et des insectes qui s'attachent à leur peau et dont rien ne les garantit plus.

Ces animaux sont sujets à plusieurs maladies. Je me contenterai, mes enfants, de vous citer les principales, savoir : le *tournis*, le *piétin*, la *gale*, la *clavelée*, appelée aussi claveau.

Le tournis se manifeste par des agitations convulsives, par une sorte de tournoiement dû à la présence, dans le cerveau, d'une espèce de ver qui finit par occasionner la mort. Jusqu'ici on n'a trouvé aucun remède bien efficace contre cette affection. Cependant on conseille l'application d'un fer chaud sur le front, entre les deux yeux de l'animal.

Le piétin est une petite tumeur qui lui vient sous la corne du pied, l'empêche de marcher, lui ôte l'appétit et la force et amène le dépérissement. Dès qu'il commence à boiter, on lui nettoie le pied, de manière à mettre à jour la tumeur; on la frotte avec une plume imbibée d'eau forte, une fois, deux fois s'il le faut.

Cette maladie provient surtout de la malpropreté, de la mauvaise tenue de l'étable.

La gale est un petit bouton rouge qui lui pousse à la peau, lui cause des démangeaisons cuisantes, et détruit en partie sa toison. On arrache avec précaution la mèche de laine qui recouvre le bouton, on le fend avec la pointe d'un canif, et on le frotte avec une pommade préparée à cet effet.

La clavelée est bien plus à craindre, parce qu'elle est contagieuse, et qu'elle exerce de grands ravages. Il suffit d'un seul troupeau gâté pour perdre tout un canton. Elle se guérit peu : mais on la prévient, comme la petite vérole, par le vaccin et l'inoculation. Dans ce cas, on s'adresse à un homme de l'art. On ne saurait prendre alors trop de précaution.

QUESTIONNAIRE.

Quelle est l'utilité des moutons?

Qu'appelle-t-on béliers, brebis, agneaux?

Quelles sont les principales races de l'espèce ovine?

Quels sont les avantages de la race commune, de la race mérinos, de la race anglaise et des métis? .

Que faut-il faire pour avoir un bon troupeau?

Comment doit être disposée la bergerie?

Comment nourrit-on les moutons en hiver?

Quels doivent être en été les soins d'un bon berger?

Vaut-il mieux faire pâturer que de nourrir à l'étable?

Quand l'engraissement des moutons et des brebis a-t-il lieu?

Quel est alors leur régime?

Qu'est-ce que le pacage, et quelle en est l'utilité?

Quels soins demandent les brebis et les agneaux à l'époque de l'agnelage?

Quand se fait la tonte des moutons?

Quelles précautions exigent-ils après cette opération?

Quelles sont les maladies auxquelles ils sont exposés?

Comment traite-t-on le tournis, le piétin, la gale, la clavelée?

Trente-quatrième Leçon.

Espèce Porcine.

J'ai encore, mes enfants, à vous parler de l'espèce porcine, je veux dire du porc ou cochon, dont le mâle porte le nom de *verrat*, et la femelle celui de *truie*. C'est un animal très-précieux et très-utile pour les gens de la campagne, auxquels il fournit presque la seule viande qu'ils consomment. Il est extrêmement facile à nourrir; vous le voyez tous les jours se contenter des aliments les plus grossiers, de son ou de farine d'orge délayée dans des eaux de vaisselle, qu'il transforme en une chair savoureuse et nutritive.

L'espèce porcine comprend plusieurs variétés qui se réduisent à deux principales : la grande race et la petite.

La grande race est la race française; elle a les jambes longues, les oreilles pendantes, le corps allongé; elle engraisse moins vite et plus difficilement; mais sa chair est meilleure.

La petite race a les jambes courtes, le ventre traînant, la tête et le corps raccourcis. Elle mange de tout, et engraisse plus promptement; mais sa chair est moins délicate : c'est la race dite *tonquin*, qui vient de la Chine.

Les Anglais ont modifié cette race, et ont obtenu une variété nommée *anglo-chinoise* qui, avec la race croisée française, a produit une autre variété, c'est-à-dire la race *anglo-française*; c'est cette race et la grande race française proprement dite qui sont les plus répandues. La première offre plus d'avantages pour le commerce et la spéculation. La seconde est préférable pour la consommation du ménage.

Le porc craint la chaleur; sa loge doit être autant que possible située au nord et bien aérée, carrelée avec une légère pente pour l'écoulement des urines, garnie d'une auge s'ouvrant au dehors pour recevoir la nourriture, et tenue avec une certaine propreté. L'animal a besoin d'être lavé souvent à cause des ordures dont il se couvre en se vautrant dans la boue. On lui

donne tout d'abord des aliments peu substantiels, autrement il tomberait au gras avant
d'être développé; du petit lait. des eaux grasses
composeront son breuvage; quelques racines
crues, betteraves ou carottes en hiver, un peu
de fourrage vert. trèfle ou luzerne en été; tel
sera son ordinaire jusqu'à l'âge de dix mois,
un an, époque où commence l'engraissement.

Le régime alors devient plus nourrissant;
il consiste tantôt dans des pâtées de pommes
de terre cuites avec des eaux de cuisine et
mélangées de grain. tantôt dans des préparations de farine d'orge. de seigle ou de sarrasin détrempées dans du petit-lait. et légèrement aigries par la fermentation. On emploie
aussi le gland, le maïs, les topinambours. On
varie ces aliments pour exciter, pour stimuler
l'appétit; on les distribue chaque jour à des
heures fixes. en augmentant progressivement
la ration, mais de manière à ce qu'il n'en
reste jamais dans l'auge. Après quatre ou
cinq mois d'un pareil régime. il est bien rare
que le porc ne soit pas arrivé au degré d'engraissement qu'on se propose.

La truie porte quatre mois environ, et produit de huit à dix petits d'une seule portée.
Elle exige, pendant la gestation, une nourri-

ture rafraichissante, du son, de la farine d'orge et du lait caillé. Les jeunes porcelets vivent d'abord du lait de la mère qu'on ne leur laisse bientôt plus qu'une fois ou deux par jour. Pour cela on les sépare et on les habitue à boire du lait de vache tiède et un peu sucré, puis de l'eau blanchie à la farine d'orge. Enfin le sevrage a lieu au bout de six semaines, deux mois. Ces petits animaux sont très-sensibles au froid; il convient de les tenir chaudement en hiver s'ils viennent à naître dans cette saison.

QUESTIONNAIRE.

Quels avantages offre le porc?

Combien de variétés comprend l'espèce porcine?

Quelles sont les deux races préférées en France?

Laquelle doit-on choisir de la grande ou de la petite race?

Comment doit être disposée la loge du porc?

Comment le nourrit-on avant l'engraissement?

Comment le nourrit-on pour l'engraissement?

Combien est-il de temps à s'engraisser?

Combien la truie fait-elle de petits?

Comment la nourrit-on pendant la gestation?

Comment élève-t-on d'abord les porcelets, et à quel âge doit-on les sevrer?

FIN.

TABLE DES MATIÈRES.

	Pages.
CHAPITRE 1ᵉʳ. — SOL, DIVISION, NATURE......	3
1ʳᵉ Leçon. — Composition du sol, silice....	3
id. — Argile, calcaire, humus......	4-5
2ᵉ Leçon. — Espèces de terrain..........	6
id. — Argilo-calcaire, argilo-siliceux	6
id. — Siliceux, argileux, calcaire, tourbeux...............	6-7-8
CHAPITRE 2ᵉ — SOUS-SOL, VÉGÉTATION.......	9
3ᵉ Leçon. — Sous-sol...................	9
4ᵉ Leçon. — Végétation, germination.....	11
id. — Nutrition, reproduction.....	12-13
CHAPITRE 3ᵉ — AMENDEMENTS................	14
5ᵉ Leçon. — Amendements modifiants....	14
id. — Drainage, irrigation........	16-17
6ᵉ Leçon. — Amendements stimulants. — Chaux....................	17-18
7ᵉ Leçon. — Marne, — plâtre, — plâtras, — cendres, — suie...	21-23-24-25
CHAPITRE 4ᵉ — ENGRAIS...................	26
8ᵉ Leçon. — Engrais végétaux..........	26
9ᵉ Leçon. — Engrais animaux. Os, sang..	28-29
id. — Matières fécales, — colombine, — guano...............	30-31
10ᵉ Leçon. — Engrais mixtes.............	32
id. — Fumiers, — purin.........	33-35

CHAPITRE 5ᵉ — INSTRUMENTS ARATOIRES, —
                  LABOURS. 36
  11ᵉ Leçon. — Charrue, — araire, — buttoir. 36-37
     id.   — Herse, — rouleau, — extir-
             pateur. 38
     id.   — Scarificateur,—houe à cheval. 39
  12ᵉ Leçon. — Labours préparatoires....... 41
     id.   — Labours d'ensemencement... 42
     id.   — Labour à plat, en planche, en
             billon.. 43
     id.   — Labours d'entretien, binages. 45

CHAPITRE 6ᵉ — ASSOLEMENT, ROTATION....... 47
  13ᵉ Leçon. — Principes d'assolement...... 49

CHAPITRE 7ᵉ.— CÉRÉALES. 50
  14ᵉ Leçon. — Diverses espèces de céréales. 51
     id.   — Blé, culture, ensemencement. 52
     id.   — Chaulage, sarclages, récoltes. 53
  15ᵉ Leçon. — Seigle, seigle ergoté, méteil.. 58-59
  16ᵉ Leçon. — Orge, avoine............... 60-61
  17ᵉ Leçon. — Sarrasin, maïs............. 63-64

CHAPITRE 8ᵉ.— PLANTES FOURRAGÈRES. 66
  18ᵉ Leçon. — Prairies naturelles.......... 66
  19ᵉ Leçon. — Prairies artificielles, luzerne.. 69
     id.   — Trèfle, trèfle incarnat....... 70-72
  20ᵉ Leçon. — Sainfoin, lupuline........... 73-74
     id.   — Vesces, jarosses........... 75-76

CHAPITRE 9ᵉ.— PLANTES LÉGUMINEUSES....... 77
  21ᵉ Leçon. — Haricots, fèves............. 77-78
  22ᵉ Leçon. — Lentilles, pois.............. 80-81

CHAPITRE 10ᵉ — PLANTES SARCLÉES.......... 83
  23ᵉ Leçon. - - Pommes de terre.......... 84

24ᵉ Leçon. — Betteraves.   86
25ᵉ Leçon. — Carottes, panais.   90-91
26ᵉ Leçon. — Navets, topinambours.   92-93

CHAPITRE 11ᵉ. — PLANTES OLÉAGINEUSES.   95
27ᵉ Leçon. — Colza.   95
28ᵉ Leçon. — Navette.   98
    id,   — Pavots, cameline.   99-100

CHAPITRE 12ᵉ. — PLANTES TEXTILES.   102
29ᵉ Leçon. — Chanvre, lin.   103-104

CHAPITRE 13ᵉ. — ANIMAUX DOMESTIQUES.   106
30ᵉ Leçon. — Ecuries, étables, bestiaux. . . .   106
31ᵉ Leçon. — Espèce chevaline.   109
32ᵉ Leçon. — Espèce bovine.   116
33ᵉ Leçon. — Espèce ovine.   122
34ᵉ Leçon. — Espèce porcine.   130

FIN DE LA TABLE DES MATIÈRES.

Troyes, ANNER-ANDRÉ, Imprimeur de la Préfecture.

BOULIER-COMPTEUR

NOUVEAU SYSTÈME ADMIS A L'EXPOSITION UNIVERSELLE DE LONDRES

PAR M. L. FOSSEYEUX,

Inspecteur primaire,

Chevalier de la Légion-d'Honneur.

FINEL, Ébéniste Fabricant,

à Sens-sur-Yonne.

Ce système a sur l'ancien un avantage incon[illegible]
La disposition verticale des Boules perme[illegible]
d'indications qui figurent sur quatre petit[illegible]
mobiles placées au-dessous, de donner en q[illegible]
sorte une forme sensible et matérielle aux abstr[illegible]
de la numération, de la multiplication et de l[illegible]
décimales, etc., etc. Un GUIDE accompagne l[illegible]
et fait connaître tout le parti qu'on en peut [illegible]
enseigner le calcul aux enfants.

AUXERRE, [illegible] A. [illegible]

www.ingramcontent.com/pod-product-compliance
Lightning Source LLC
Chambersburg PA
CBHW061346060726
47597CB00003B/746